地球蘇生プロジェクト

# 「愛と微生物」のすべて


比嘉照夫
森美智代
白鳥哲



ヒカルランド

愛の星地球を作るためにこの本を活用してください。
たくさんの方が、少食になれば、
人は健康になり本来の自分に還り
感謝の気持ちが自然に湧いてきて
ＥＭ（有用微生物群）で汚れたところがなくなって
誰も争わないで
愛の波動で地球のオーラが光り輝いて
宇宙の進んだ悟った高次元の存在から
尊敬されるような地球になります。

森　美智代

量子力学的世界像は神々の世界である！

森さんの想念や白鳥さんの卓越した誘導尋問に引っ掛かり、
とうとう本音を吐きだしてしまいました。
人工知能をはじめ、最近になって、神業《かみわざ》的な技術革新が加速しています。
すべて量子力学の応用といえますが、
この世界は、トポロジカルでホログラフィー的となっていますので、
あらゆるものが全知全能的につながっています。
したがって、これからの技術は、すべて神業的となり、
損得や勝ち負けを前提とした人間のルールは必然的に消滅し、
神の大愛のみが残るということになります。

このカギは、崇高な愛が微生物を通じ、
大宇宙を支配している万能のエネルギーである重力波に
スイッチを入れることで開かれるからです。
EM技術を活用し、EM生活に徹し、全世界がEM的になれば、
すべての難問は解決し、必然的な人間の義務である神への進化が
成就するものと確信しています。
何故ならば、地球（宇宙）は微生物の海であり、
人体の90％は微生物であり、
想念の管理次第で万能的になるからです。

比嘉照夫

相手に一切見返りを求めないのは、まさしく愛です。
この行為そのものが重力波を持っていると私は思うのです。
意識が高くなりますから、波動が高くなるので発酵がよくなっていきます。
微生物の発酵液をつくる人たちは、
神様を扱うようにやるので、無心なのです。
つまり、エゴがない。微生物たちはそれをちゃんと
受けとめているのです。
微生物は人間の心を100%見抜くのです。

白鳥　哲

# まえがき

地球蘇生プロジェクト代表　白鳥　哲

2017年4月8日。

私は、福島県浜通りにいきました。

この年4月の飯舘《いいたて》村や富岡町など一部地域の避難指示解除で、震災後感じられなかった「喜び」が広がっていて、明るい兆しが感じられました。

しかし、一方で福島第一原発の事故後、6年の間の除染に伴って発生した土壌や廃棄物などを入れた大量の黒い袋は大熊町や双葉町に一挙に集められ、広大な大地が黒い袋の山となっています。それらは全て「貯蔵」という考えで、進められています。あくまでも中間の「貯蔵」なので、汚染された土はいずれどこかに捨てられ、子孫に先送りされていることは何も変わっていないのです。

また、現在も福島第一原発から出され続けている「処理水」と呼ばれる高度の放射能汚染水が1日300トン以上も海に流れ続けています。

原発事故後の海洋生物の異常は多数報告されるようになっています。

2011年以降、生物の大量死や異常生物の報告が海外のメディアで報道されていますが、その頻度と規模は年々大きくなっています。

今年の報道では2月9日南米チリで、サーモン（サケ）が17万匹以上死亡したことが報じられていました。チリは2016年にも大規模なサーモンおよび、さまざまな魚類の大量死が何度も起きていまして、その理由は、赤潮や有毒な藻の大発生とされていました。例年起きる上に、今年はその期間も長いということは、南半球の太平洋の環境そのものに「大規模な異変」が起きていると考えられます。

また、2月15日には、南米のコロンビアでも大規模な大量死が発生したことが報じられていました。こちらも有毒な藻類の大発生が原因とみられます。

そして、太平洋の南側、ニュージーランドでは、大規模なクジラの座礁が起きています。2月10日、AFPなどの報道によれば、ニュージーランドの浜辺に400頭以上のゴンドウクジラが打ち上げられ、見つかった時には大半がすでに死んでいるのが確認されました。数は最終的に416頭と確認されています。

また、大西洋側、2016年12月29日カナダ東部のノバスコシアでは、「前例のない海洋生物の大量死」が1カ月以上続いていることが報じられています。前例がないと言うのは、死亡している種類が、ヒトデや貝、ロブスターなどから、ニシンなどの魚類まで多岐にわたっていることです。まったく違った種類の生き物たちが同時に影響を受けるというようなことは尋常ではないことです。

ノバスコシアで最初に大量死が確認されたのは1カ月前の2016年11月下旬で、その際には、ニシンが大量死しているのが見つかりました。その後、ヒトデ、ロブスター、ムール貝など、非常に多くの海洋生物の大量死が発生しているのです。

日本においての放射能対策は、国の責任で行うことが法律で決められていて、国が認めない限り微生物技術による一般人の対策活動が報道されることはありません。そのため、多くの国民にとってこのまま何もしないで待っているという選択肢しかありません。

しかし、この6年間、国や東電の所為《せい》にせず、人知れず、自らの責任で、地元を蘇《よみがえ》らせ続けている方々がいらっしゃいます。

そして、今その成果が出ているのです。

マスコミをはじめ、国や地方自治体など政府機関はこの事実を抹殺し続けています。
この背景には強大な利権があるので多くの人々は口を閉ざしてしまっているのです。
目先の生活、目先の利益を考えたらそのようになってしまうのは当然なのかもしれません。

しかし、目先の生活、目先の利益優先の生き方……その積み重ねが地球全体、将来の子孫たちの生存まで追い詰めていくことになることを、どれくらいの人々が自覚しているでしょうか？

地球環境は我々が想像を超えるスピードで劣化し続けており、それについて、手を打たないでいることは、将来の子孫たちに多大なるダメージを与えることは明らかです。

しかし、希望があります。微生物技術です。

光合成細菌を中心とした乳酸菌、酵母菌などの有用な微生物の集合体によって、放射能が実際に無害化されてきているのです。そして、その研究はチェルノブイリ事故の風下にあったベラルーシ共和国国立放射線生物学研究所との共同研究で明らかになってきています。詳しくは本書をお読みいただけたらその根拠や事実についてわかっていただけるかと思います。

放射能を無害化する技術は、ゼオライトなどの鉱石、微生物や水、ケイ素、ノニジュース、ヘンプ、ホーリーバジルなど数多くあります。しかし、震災後6年間、継続して放射能の高い区域で、地域の蘇生のためにボランティアで取り組み続けられているのは、有用微生物群（EM）を使った蘇生活動のみです。その根本には「見返りを求めない」という精神があります。

福島県を中心とした55カ所にも広がるネットワークを支え合っている方々が、震災後6年間、人知れず「微生物」の力によって、蘇らせているのです。

見返りを求めない精神は、愛に目覚めます。
「愛」ある行為が汚染された大地を蘇生化させていきます。
「汚染の最前線」にあった地域が、「浄化の最前線」に変わり、まるでパラダイスのような世界に変わってきているのです。

その希望の道筋が本書で語られています。

有用微生物群（ＥＭ）の開発者　比嘉照夫農学博士は微生物が持つ力を「重力波だ」と捉えていらっしゃいます。万物を生み出すベースにこの重力波の働きがかかわっているようなのです。放射能をはじめ有害なエネルギーを有用なエネルギーに変える鍵があるのです。その重力波とは何か？　本書を読んでいただくと深く理解できるでしょう。

そして、１日青汁一杯で20年近く生活していらっしゃる鍼灸師森美智代さんの生き方から、不食を通して見えてくる先に、「愛」の世界があることが浮かび上がってきます。生菜食中心の少食になっていくことで、命あるもの全てがエネルギーの存在であることが感覚で理解できてきます。そして、そのエネルギーそのものが「愛」であることが本書を通じて理解できてくるでしょう。

愛と微生物……。

それが地球蘇生プロジェクトで目指す生き方の鍵となります。

＊地球蘇生プロジェクトとは人類が地球の生きとし生けるものと共存共栄をする生き方の道筋をヴィジョン化し、それに向かって行動するプロジェクト。

命をつなぐ幸福度の高い地球社会を創る

# 地球蘇生プロジェクト

## 144000人が自他を乗り越え自己浄化をする

### ◆ ライフスタイル　祈りが精神的主軸

**食**
- 愛と慈悲の小食
- 自給自足
- 半農半芸
- 地産地消

**教育**
- 魂の教育
- 足るを知る
- 利他の精神
- 右脳教育
- 慈愛教育
- 生体エネルギー学
- 波動学

**医療**
- 量子物理学的全体医療
- 医療大麻
- 祈り
- ヒーリング
- 音響療法

**エネルギー・技術**
- エネルギーアート
- 共生テクノロジー開発
- 蘇生技術
- フロンティアサイエンス
- ヘンプ

### ◆ 政治　地球全体を第一主義として考える

**環境**
- 水源保全
- リトリート（全生命の安楽地）
- リユース
- リサイクル

**経済**
- 分かち合う経済
- GNH（国民総幸福量）
- 「寄り合い」制
- 地域主体
- 農業中心

**防衛・外交**
- 南極スタイル
  （個・人種・国を超えた共同体・共同作業）
- 自衛防衛
  （愛を伝えつづけることが最大の自衛防衛）

**税・社会保障**
- 江戸モラルの実現
  （与えるものが受け取るもの）
- 「恩送り」
- 「相身互い」
- 「お蔭さま」

＊■が「15年ヴィジョン」の3マニフェスト

目次



## 第1部　愛と微生物

### Part 1　福島にEMをまいて放射能を消していきましょう

## Part 2

## EMをまくと放射能が消える／マイクロバイオームの仕組みとは？



## Part 3

## 「愛と微生物」で地球は本当に蘇ります！

# 第2部 微生物は重力波である

## Part 4 ＥＭ王国へ

## Part 5

# EMで放射能が消える仕組み



## Part 6

# 微生物と量子力学をつなぐと見えてくる



## Part 7

# 不食も重力波世界にこうして近づいていく

## Part 8
## 重力波をベースにして人類の未来を解決する



## Part 9
## 既得権益と既成概念のどろ沼全部を無価値にしていく

カバーデザイン　櫻井浩（⑥Design）
カバーイラスト　井塚剛
写真　中谷航太郎
編集協力　宮田速記
校正　麦秋アートセンター
本文仮名書体　文麗仮名（キャップス）

# 第1部

# 愛と微生物

Part 1

# 福島にEMをまいて放射能を消していきましょう

**森 美智代　もり みちよ**

1962年、東京都生まれ。1984年に難病の脊髄小脳変性症を発症し、西式甲田療法の提唱者甲田光雄氏のもとで断食・超少食の指導を受ける。鍼灸師の資格を取得し、大阪府八尾市で鍼灸院を開業。病を克服後も20年以上、一日の食事は青汁1杯だけという生活を続け、「不食の人」としてメディアで話題となる。2015年に三重県名張市の古民家を改装し、「断食リトリート あわあわ」を立ち上げる。鍼灸院、断食リトリートとともに、各地で講演、セミナーなどを精力的に行う。

ホームページ
http://www004.upp.so-net.ne.jp/mori-harikyu/

## 比嘉先生との出会いでEMに目覚める

こんにちは。大阪から来ました森です。よろしくお願いします。

震災がなかったら、震災の年の4月ぐらいに「不食の時代」の映画の上映会を福島でやるはずだったのですけれども、3月に地震が起きて映画館も映写機も潰れ、会場がなくなってできなくなってしまいました。福島に初めて伺うはずだったのに、ここまで延びてしまいました。ぜひ映画「不食の時代」もご覧になっていただきたいと思います。

今日は、比嘉先生のご出演された「蘇生」を福島の地で上映して、皆さんが見てくれることになって、本当によかったと思っています。

私が比嘉先生とご縁をいただきましたのは、名古屋で行われた「蘇生」の上映会です。そのときに白鳥監督が比嘉先生と私を引き合わせてくださいました。「『不食の時代』に出た森さんです」と紹介された私は比嘉先生に「私の食べている青汁の野菜をEMで自分で育てたいのですが、どうやってEMで野菜を作るかご指導していただきたい」とお願いいたしました。比嘉先生はこころよく、お願いをきいてくださいました。

そして、すぐに「森さんを助けてあげなさい」と指示を受けたEMの会社の方が名古屋から三重県の名張《なばり》まで来てくださり、EMを使った野菜作りのご指導をしてくださいました。

それから、私は沖縄にお邪魔しました。沖縄には比嘉先生の大きなホテル（コスタビスタ沖縄スパ＆リゾート）があって、食べる食材も、野菜とか卵とか全部EMでつくっている。壁など全部EMをとり入れ、地面にもEMが埋まっているそうです。昔のヒルトンホテルが生まれかわって、すばらしいホテルでした。私は3日滞在しました。

朝食は要らないから青汁が欲しいとお願いをしたら、人間が青汁1杯で足りるのか？と思われたようで、最初は大きなピッチャーにどっさり青汁が出て来て、多いと思いました。おいしかったんですけれども、3人で分けて飲みました。それを見ていたスタッフが多かったらしいということで、2日目は半分ぐらいに減らしてくださいました。3日目は、布巾《ふきん》でギュッと絞ったら泡がいっぱい立つでしょう。それが飲みにくいんじゃないかということで、時間をかけてポトポトとゆっくり落ちるようにザルみたいなので漉《こ》してくださって、青汁1杯でしたが一生懸命つくっていただきました。

ＥＭで野菜などをつくっている会社のサンシャインファームを見学したときには、大きな鳥小屋にバナナの葉っぱがワッとあって、それをたくさんのニワトリさんが食べ尽くす光景を見ました。とてもピュアな風景で、私の朝食は青汁だったんですけれども、バナナを食べた人は、皆とてもおいしいバナナだと言っていました。

そのホテルの農園を見学した次の日は、比嘉先生のご自宅の近くの（通称青空宮殿と言われる）、先生がみずからＥＭをまいている農園に伺いました。そこにはバナナ1本から2房がなる奇跡のバナナがあったのです。普通、1房しかならないみたいなんですが、2房なっていたり、10年以上生え続けているニラとか、1年中なり続けるトマトとか、信じられないようなミラクルがいっぱいあって、みんなそれがおいしいと言っていました。バナナ畑、バナナの林を見ながら、比嘉先生は「このたくさんのバナナは無農薬だし、味もおいしくて人気だから、50万円ぐらいの売り上げがあるんですよ。全部福島に持っていって、福島をきれいにするんだ」とおっしゃっていました。そんなことを言いながら遠くを見つめている比嘉先生は本当にカッコいいと思いました。

## チャリティーの集まりで支援したい

こうして帰ってきた私は、自分も何かしてみたいなと思ったのです。福島に住んでいて、EMをまいてくれる人たちが50カ所以上いるという話を聞いてその人たちを援助したいなと思いました。EMをまいてくれたら、福島の土地がきれいになっていくから、みんなでそれを援助したいと思ったのです。

でも、EMのことを私はイマイチ勉強不足でよくわからないから、どうしようかと白鳥監督にご相談したら、福島でチャリティーをしましょうとおっしゃってくださって、大きく何かが回り始めた感じがしました。

そしてチャリティーをやりたいなと思っていた私はなんと自分の鍼灸院のある八尾《やお》市の市民会館プリズムホールの抽選を引いて会議室を当てたのです。丁度私の新しい本『おうち断食』がマキノ出版から出たところだったので、11月3日には、出版記念講演会をやりつつ、EMのチャリティーを開催いたしました。

そのとき100人ぐらいの教室で、「40分合掌行」という、誰でもそれを一生に1回やったらヒーラーになれるという行をみんなでやりました。それと神代文字といって、日本語の漢字とか平仮名ができる前にあった文字、龍体文字を書くというワークショップもやりました。その後に何をしようかなと思っていたら、岐阜のほうのホスピスで有名な船戸クリニックの船戸博子先生が、柿の葉茶と波照間産の黒砂糖でお茶会をやってくださることになり、100人分ぐらいお茶を立てて、その後に体験発表をしていただきました。

11月27日も、くじが当たって、100人ぐらい入れる会場を9時から5時までお借りしました。6000円とか5000円ぐらいの会場費です。ここでも「40分合掌行」と龍体文字のワークをやりました。

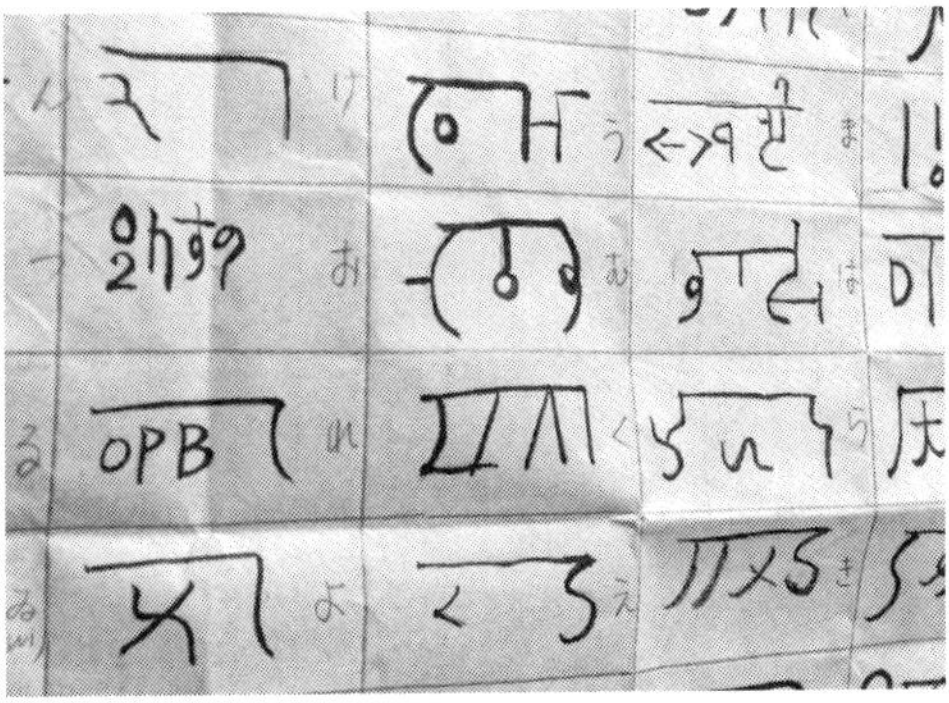

龍体文字

その後ですが、私は2つのドキュメント映画に出ています。1つは白鳥監督の「不食の時代」と、もう1つは鈴木七沖《なおき》監督の『食べること』で見えてくるもの」。白鳥監督は私の映画を撮って、次の映画の「祈り」で世界的に認められて巨匠になられました。国際映画祭でもいくつも賞を受けられました。鈴木監督も私が出た映画を撮ってから、前の映画で勝負されてインディーズマンハッタン国際映画祭にノミネートされました。だから、私の映画を撮ってからお二人共、ビッグになられた（笑）。白鳥監督に、EMとか熊本のためのチャリティーの上映会をしたいから、映画の上映費をまけてとお願いいたしましたら、まけてあげると良いお返事をいただきました。鈴木監督も、まけてあげるし、その上、僕もお話に行ってあげましょうと驚くような良いお返事をいただき、ミラクルなことになりました。私の出た映画は全部見られます。龍体文字も書けます。体験発表もあります。チャリティワークショップも開催したし、映画上映会も行いました。

プリズムホールは、1年1カ月前からの抽選で、1年後の6月にまた小ホールが当たりました。380人も入るのに、5万円ぐらいで9時から5時まで借りられるのです。

今度はチャリティー・プラス音楽会をやろうということにしました。そのときは私と同じく食べない弁護士さんで、水さえ飲まない、9年間ぐらい何も食べない秋山佳胤《よしたね》先生と、私ともりたいよしこさんとで音楽会をして来場者を癒やそうかなと思いました。私は自作のマホガニーでチビ・ライアーを自分でつくったのですが、それを弾きながら、司会をし、クリスタルボウルとピアノの守谷直恵《もりやなおえ》さんもチャリティーで演奏してくださいました。

そして他にもハワイアン・ギタリストの鴻池薫《こうのいけかおる》さん。大阪に鴻池新田というところがありますが、関西の鴻池という江戸時代から続く名家の家系の人で（すごいおひな様があります）鴻池さんは若いころ、潰瘍性大腸炎になって、それを甲田光雄先生のもとで治したという経歴があります。そのときに感謝の気持ちから、甲田先生のためのにチャリティーコンサートを開かれたこともありました。先生が亡くなってから音信不通だったんですけれども、最近、フェイスブックのお友達になって、「EMでチャリティーしたいんですけれども、福島といえばやっぱりフラガールでしょう。ハワイアン・ギタリストの出番ですよ。八尾でチャリティーコンサートしてください」と言ったら、OK

してくださいました。

秋山先生は自作のタオ・ライアーを弾いてくださったり、シンギング・リンを弾いてくださり、癒やしの空間をつくってくださいました。プラス、ちょっと不思議なお話の音楽会を、開催いたしました。

寄附できるのはそんなに多くないかもしれないんですけれども、フェイスブックとかブログで宣伝しながら、ＥＭはすごいなとか、私も応援したいなという気持ちの人がたくさん増えてくださるといいなと思っております。たくさんはできないんですけれども、年に1回とか2回ぐらいは何かしたいなと思っています。

## 実は私はマルデク星人なんです

突然、変なことを言うようですが、私は、前世というか地球に転生する前にマルデク星人だったらしいのです。マルデク星は、太陽系の中の火星と木星の間にあって、核戦争で星が爆発してしまったのです。そのせいか東日本のように地球の星が放射能で汚れるのが無性に嫌なのです。私は大阪に住んでいるんですけれども、ちょっとでも放射能を少なくしたいのです。放射能の害を少なくするための個人の努力としてＥＭで育てた青汁を飲むなど対策はたくさんあります。

他にも木内鶴彦《きうちつるひこ》先生の「太古の水」を飲んだり、たくさん対策はありますが、ここにご浄財を集めたら、きっと福島がきれいになるし、地球の星がきれいになるんじゃないかと思いました。ＥＭをまき続けてくれるボランティアの組織もあるし、資金があればすぐにでも、効果があらわれるのはＥＭが一番だと思います。

## 熱い、冷たい、おこぼれ頂戴いたします！　浄化、再生！

忘れないうちに。福島の第一原発にお勤めしていて、今、東京の日野市にいる佐藤気功センターの佐藤眞志《ただし》先生は、東電の方ではなくて、原発をつくった会社の施設長さんだった方です。ある時、気功教室のワークショップに行って気功をしていたら、自分に気功の力がすごくあることに気がつかれて、福島の原発はやめたのです。東京に来てからしばらくしてあの大変な事故があったのですが、福島には自分の同僚だった人がいっぱいいたのです。それで地震のときからずっと気を送り続けているとおっしゃっていました。

その佐藤眞志先生の気功を私は受けました。眞志先生は、10年ぐらい前に、300人ぐらいの人に気功を行い、幽体離脱《ゆうたいりだつ》（肉体から魂が抜ける）をさせたことがあるそうです。私がやっていただいたときは、いろいろなところのチャクラが7つぐらい開きました。500円玉くらいの風穴が開いてしまったかのように気が動きました。佐藤先生は遠隔でヒーリングできるんですけれども、それを見る機会があってそれ以来、私もできるかなと思ってまねしたら、できました。それをこの会場でやってみます。

おなかに手をあててください。

「熱い、冷たい、おこぼれ頂戴いたします。浄化、再生」と言ってください。

そうすると、足が温かくなって、頭が涼しくなってきます。

（しばらく間を置く）

今、私は自分の足が温かくなって、額が涼しくなったんですけれども、そういう感じがちょっとでもあったら効いています。

私の魂とつながり合っていますから、もし何かあったときに「助けて！　森先生」と言ったら、瞬時にヒーリングが起こるようになります。

私はヒーラーで、バイロケーションができるみたいです。分裂するというか、時空を超えるというか、常に太陽みたいにヒーリングパワーを出しています。

私が「あげるよ」と言わなくても、「助けて！　森先生」と言うとヒーリングが起こります。寝る前に「治してください」と言うと夢の中に私があらわれて、朝起きたら治っていることがあるようです。

ある人が体調が悪くてどうしようと思ったときに、「助けて！　森先生」と言って寝たら、夢に私が出てきて、朝起きたら治っていたとか、知らないうちに頭が痛いのが治っていて、私のところの留守電に「森先生、ありがとうございました」とメッセージが残っていたりするのです。

ちょっと前に、心臓が悪い人で、インドから帰ってきたばかりの方が、心臓の不整脈と徐脈（1分間に35回しか打っていなかった）に苦しんでいました。その方はサイババの信奉者でおられたので、「ババ様、お願いします」と言ったら、私の顔が出てきたそうです。それで「これはババ様が森先生のところに行けと言っていることかなと思って来ました。お医者さんは、1週間後も同じだったらペースメーカーを入れるよと言うんです。助けてください」と言って私の元に来ました。

1週間で？　と思ったんですけれども、私の鍼は脈診をする経絡治療といって、鍼で脈を変えるのを得意としている流派なので、ババ様がこの方に私を紹介してくれたのかしらと頷けました。ですからなるべく多く来ていただきました。毛管運動も一日20回していただきました。食事も玄米5分粥程度にしていただきました。そうしていると「あした診察に行きます」と決断のときになったので、では、そのときに「助けて！　森先生と言ってくださいね」とその方に申し上げておきました。

その方が心電図計測で診察台の上に寝て「助けて！　森先生」と言うと、幻の私が足元に立ってキューーッと心臓に入り込んだそうです。その途端に急に心臓が楽になって、心電図計を見ていた看護師さんは「急に正常になりました。どうしたんですか」と、尋ねたそうです。

「森先生が出てきて入ったなんて言えないから、笑ってごまかしました」とその方は言っていて私も「そうだよね。それを言ったら心療内科か精神科に行きなさいと言われちゃうよね」と答えました（笑）。

私は、自分のことでみんなが助かることが理解できないし、そこに行った覚えもないので、どうなっているのかなと思っていたんですけれども、お友達の（はせくら）みゆきさんに尋ねたら、「それはテレポーテーションとかいろいろある超能力の中のバイロケーションというもので、時空を超えて分裂しているのよ」と説明していただきました。

ニューヨークの小林健先生にもお尋ねしたところ「森先生は、ヒーラーで、ラジオみたいに、みんながチャンネルを合わせればすぐに癒やしのエネルギーが届き、癒やしがおこる」といつも太陽みたいに気を出していることを教えていただきました。

そういえば私は、髪とか爪を切って、握るとジンジンしているし、さわったものはみんなお守りみたいになるので、吐いたつばから気が出てきたりする。出っ放し。とり放題。だから、呼んだときはお礼は要《い》りませんよ。タダです（笑）。

きょうのスピリチュアル気功は、自分で自主練してもいいですね。「熱い、冷たい、おこぼれ頂戴いたします。浄化、再生」を1人でやったら、足が温かくなって、頭が涼しくなります。

呼吸法、気功などで、おなか、臍下丹田《せいかたんでん》に気を集めましょうと意識をしているでしょう。胸に意識を集中するとドキドキするとか、いらいらするのです。頭に意識を集中すると、血が上ってカッカする。おなかであれば心がいつも安定しているわけですね。足の裏だったら、すごくラッキーになる感じがあるんです。血は気が動かしていて、気に合わせて血も一緒に流れていくので、足が温かくなりますね。頭が涼しいと、頭の働きが活発でクリアになるとか、感情的にクールダウンして落ちついた感じになります。頭がよく働きます。足は地面にくっつく感じがします。

私の気功を受けてから帰るときに宝くじを買ったら、1万円当たりましたとか、帰る途中で運命の彼に会って婚約しましたとか、就職が決まりましたとか、初めての作品が売れましたとかいう話を聞くので、足の裏の気を集めて、足がいつも温かくなって、ラッキー体質になるというのは、ラッキー開運法としてすぐれていると思っています。これをぜひ福島の人に伝えたいなと思って、きょう来たのです。

おなかのところに手をあてて、「熱い、冷たい、おこぼれ頂戴いたします。浄化、再生」と言う、この気功を教えてくれたのが、福島にいた佐藤眞志先生です。

## 寿命が切れて、蘇った私の体

私は21歳のときに小脳脊髄変性症という病気になって、あと寿命5年と言われていました。この病気になると小脳が崩れてしまって、筋ジストロフィーとか神経難病の病気同様になって、だんだん動けなくなります。最後はベットの上でいろいろな管をつけられて死を迎えます。治った人が1人もいない。

そんなとき甲田先生のところに行って、「小脳脊髄変性症になったんです」と言ったら、「断食と生菜食をしたら治るよ」と言われました。だけど心の中では、私が悪いのは小脳なんですけれども。それで治るのかなと思っていました。

阪大とか成人病センターに行ったら最先端医療を受けられますが、最先端医療を受けたところで治らないと言われています。でも断食の神様と言われている甲田先生が断食と生菜食で治るというのだから、信じてやってみようと思って、食事を変えたり、体操をしたりしていると、3年ぐらいかけて徐々に症状がおさまって歩きやすくなりました。生菜食中も、どんどん食事を減らすことができて、青汁1杯になり現在に至ります。

その中でいろいろな人に出会いました。テレビの取材がきっかけで腸内細菌に関しては日本で第一人者の理化学研究所の辨野義己《べんのよしみ》先生が私の腸内細菌を調べてくださったのですが、私の腸内細菌はなんと牛みたいだったのです。嫌気性《けんきせい》菌が普通の人の1000倍ぐらいはある。ビフィズス菌も多いし、ウェルシュ菌とか大腸菌が少ない、現代の日本人の腸の中では見たことのない菌が発見されました。セルロースからアミノ酸を合成する菌もあったそうです。

それで辨野先生は英語で論文を発表し、国際フローラ学会で発表したら、その女性の菌が欲しいと言う外国の学者さんがおられて、あげるよと配ったそうです。「えっ先生、私の菌を配っているんですか（笑）」と驚きましたよ。でも、嫌気性菌だから私にはどうしようもないし、おなかで飼うことしかできない。だから人類のために使ってくださいと言うことにしているのです。

私の基礎代謝は41％ぐらい一般より少なく、呼吸も少ない。たんぱく質のリサイクルもしているし、尿素窒素から合成しているそうです。全部がわかったわけではないんですけれども、調べてみると普通の人と違うようなことが私の体の中では起きているなというのがわかってきました。

たんぱく質をいっぱい摂っていないから、たんぱく質の合成といっても、それで足りるのかなと思うのですけれども、でも、低蛋白血症になったりせずに、足りている。もし科学が進歩して空中窒素の合成をしているとか、原子転換をしているとかわかったらすごくいいのですけれども、それには札束をばらまくほどおカネが要るらしいのです。窒素をアイソトープでラベルして部屋中にまきちらすということをしないといけないそうです。そんなおカネを使うぐらいなら、福島のためにＥＭに寄附してもらったらいいですね。

今日はありがとうございました。本当に福島の人と会えてうれしいです。この会の出足はすごく少なくて、大丈夫かなと思ったんですけれども、きょうは満席、どうもありがとうございました（拍手）。

# Part 2

# ＥＭをまくと放射能が消える／マイクロバイオームの仕組みとは？

## 比嘉照夫　ひが てるお

1941年沖縄県生まれ。EMの開発者。琉球大学名誉教授。

名桜大学国際EM技術センター所長。アジア・太平洋自然農業ネットワーク会長、（公財）自然農法国際研究開発センター評議員、（公財）日本花の会評議員、NPO法人地球環境・共生ネットワーク理事長、農水省・国土交通省提唱「全国花のまちづくりコンクール」審査委員長（平成3年〜平成28年）。

著書に『新・地球を救う大変革』『地球を救う大変革①②③』『甦る未来』（サンマーク出版）、『EM医学革命』『新世紀EM環境革命』（綜合ユニコム）、『微生物の農業利用と環境保全』（農文協）など。

## 福島に「うつくしまEMパラダイス」をつくろう

こんなにたくさんお集まりいただきましてありがとうございます（拍手）。

この映画をつくってくださった白鳥さんはじめスタッフの皆さんにも、改めて敬意と感謝を申し上げます。

全てこの映画のとおりなんです。放射能に関しては、補償を含め除染に関することは国が対応するという法律ができています。どんなにいい技術であっても、国の専門家が採択しない限り、全く報道もされないし、役に立つような使われ方はしない。こういう大原則があります。

私は、この事故が起こってすぐに、根本的な解決策をコラムで提案をしてきたんですが、今の仕組みでは、この技術は法的な面から永久に不可能だと思ってます。ですから、私たちはボランティアで、福島に「うつくしまＥＭパラダイス」をつくろうと考え、12年度から環境フォーラム「うつくしまＥＭパラダイス」を4年間やってきました。現実に放射能は、同じ場所でＥＭを使い続ければ、明確に減少します。最初は6カ所で始まったのですが、今は55カ所ぐらいに広がっています。要するに、効果がなかったら誰もやらないということなんです。

あの映画に先立って、私の提案を公開してきましたが、専門家は拒否。事実は映画のとおりなんです。したがって、信じる、信じないの話ではなく、これで放射能の汚染地帯でも健康を守りながら、安心して農業ができ、それを進めながら環境がきれいになり、川がきれいになり、海も豊かになっていくという仕組みが実証されたのです。したがって、1人でも多くの人がこの原点を踏まえて、「うつくしまＥＭパラダイス」が早くできればなと思います。

私どもの課題として、世界中にうすく広がり、潜在的な危機となっている放射能問題の解決があります。この福島でＥＭによる放射能消滅が成功していることを踏まえて、あとはいろんな形でたくさんの人の協力を得て、いつの間にか全ての人がＥＭ生活をしてくれるようになれば、その世紀的課題が解決できると思っています。ＥＭ生活をするということはどういうことか。この映画の最後で、「あとからくる者のために」という我々のボランティア活動の方針を、白鳥さんは声高らかに読んでくださったのですが、実際にEMを使っていることは最大のボランティアです。EM生活に徹すれば、まず誰も病気になりません。これだけでも大きな国家貢献です。EMを使ってそれが流れていけば、川や海もきれいで豊かになり、環境もよくなります。だから、EMを使うことそのものが大きな社会貢献であり、自分の体にも、家族のためにも、地域産業のためにも、全てプラスになるということです。

それを理解してもらうために、これから図で説明いたします。

## 何にでもなれる万能のベースを「量子状態」と言います

### パワーポイント①

地球の進化は、自然界では常にあるものが生まれて活動し、最後は滅ぶというふうに大循環をしています。何度生み出しても時間とともに滅んでしまって、常にゼロに戻っているような感じがするのですが、長いタームで見ていくと、生命を発生する、蘇生の方向に引っ張っていく力と、これを壊していく力が働いています。壊していく力は熱力学の法則に従ったエントロピーの増大という世界です。科学では、エントロピーが増大するのを止めることはできない。だから経済活動を盛んにし、人口が増大すると必然的に地球環境問題とか病気とか、いろんな不都合な真実が出てくるということになっています。

蘇生の方向は、これまで科学的に説明が困難な、まじないとかオカルトとか奇跡と呼ばれている分野も含んでいます。すなわち、量子の世界が中心となります。『量子力学で生命の謎を解く』（SBクリエイティブ刊）というすばらしい本が出ています。量子状態というのはどういうことか。光が粒子だと思って測ると波の性質は消えます。波だと思って測ると粒子の性質は消えますが、実際は光は万能で、波

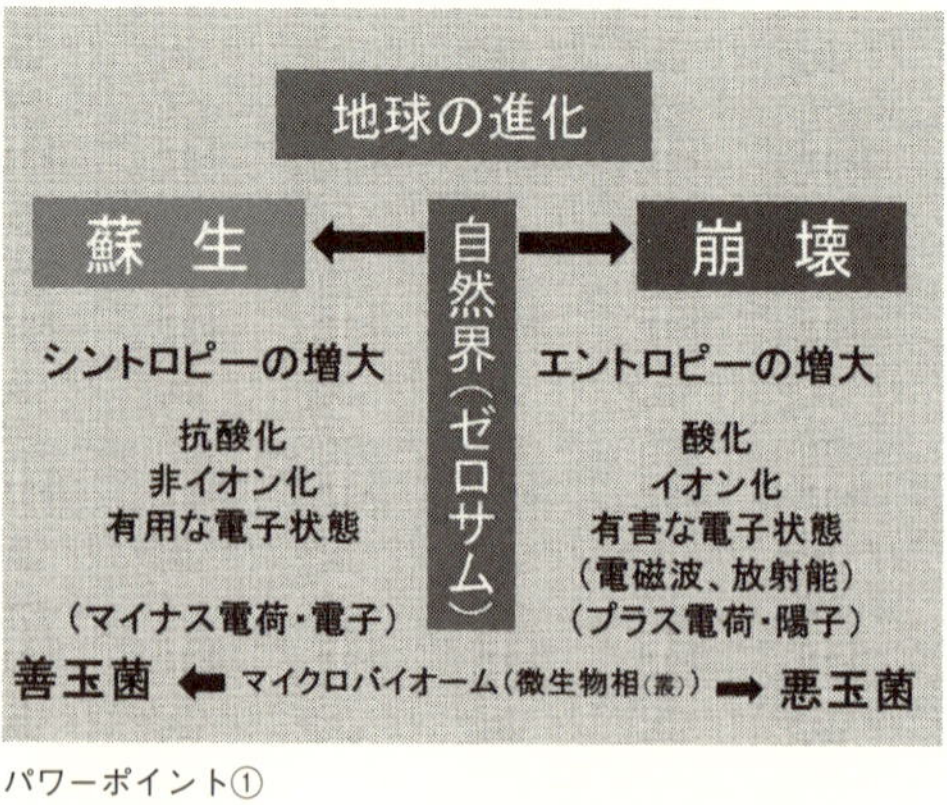

パワーポイント①

でもあるし、粒子でもある。要するに、何にでもなれるというベースがあります。これは精神界も含め、全ての世界がそうなんですが、何にでもなれるという万能のベースがあって、その集積度によってマジカルやオカルト的な現実が生まれます。このベースを量子状態といいます。

この量子状態は重力波からのエネルギーをもらって成立しており、このエネルギーが作用する全ての場が素粒子的となります。この状態は、熱力学の法則に反しています。量子状態になるためには、念を集中したり揺らぎとか、うねりとか、スパイラル的にエネルギーを集約し、生命体とか物体にエネルギーを与えて蘇生化するという仕組みが必要です。こういうことが量子力学の最先端ではわかってきたのです。

そうすると、この量子の世界を支えている重力波は神様みたいなものであって、これとつながっていればいいのです。これがだんだん細くなり、量子のエネルギーが途絶えた時に死んでしまう。全てのものは量子コンピューターのように量子ビットによってつながって一体となっており、この関係を量子もつれ（エンタングルメント）と称しています。この量子もつれがエネルギー状態を決定します。量子エネルギーが不足すると環境が悪くなり、いろんな病気にもなる人が増えるという説があるのですが、私はこれは正しいと思っています。

瞑想や祈りやスピリチュアルなトレーニングによって、マイスナー効果、すなわち量子状態という存在があるらしいということがわかってきたのですが、科学的に見ると、この存在のスタートは、抗酸化です。すなわち、ものをさびさせない。これは常識になりました。抗酸化物質はあらゆる病気や物質の劣化に関与していますが、重力波とリンクしたものは奇跡的効果を現します。

2番目が非イオンです。電気を帯びさせない。電気を帯びたらプロトンが発生するため必ず連鎖的にさびますので、物質の崩壊とかいろいろ不具合なことが起こります。この場合の非イオン化は主に陽電子（プロトン）に電子を与えるため流れが良くなります。電気を帯びさせない。その究極は量子的となり、ついには極性のない電子状態となります。すなわち、電気には必ずプラス、マイナスという極があります。磁石にはN極、S極という極が2つあるわけですが、これがない状態（モノポール）でエネルギーが動く。電気抵抗、磁気抵抗ゼロですから、思いは一瞬に宇宙の果てまで届くという理論と全く

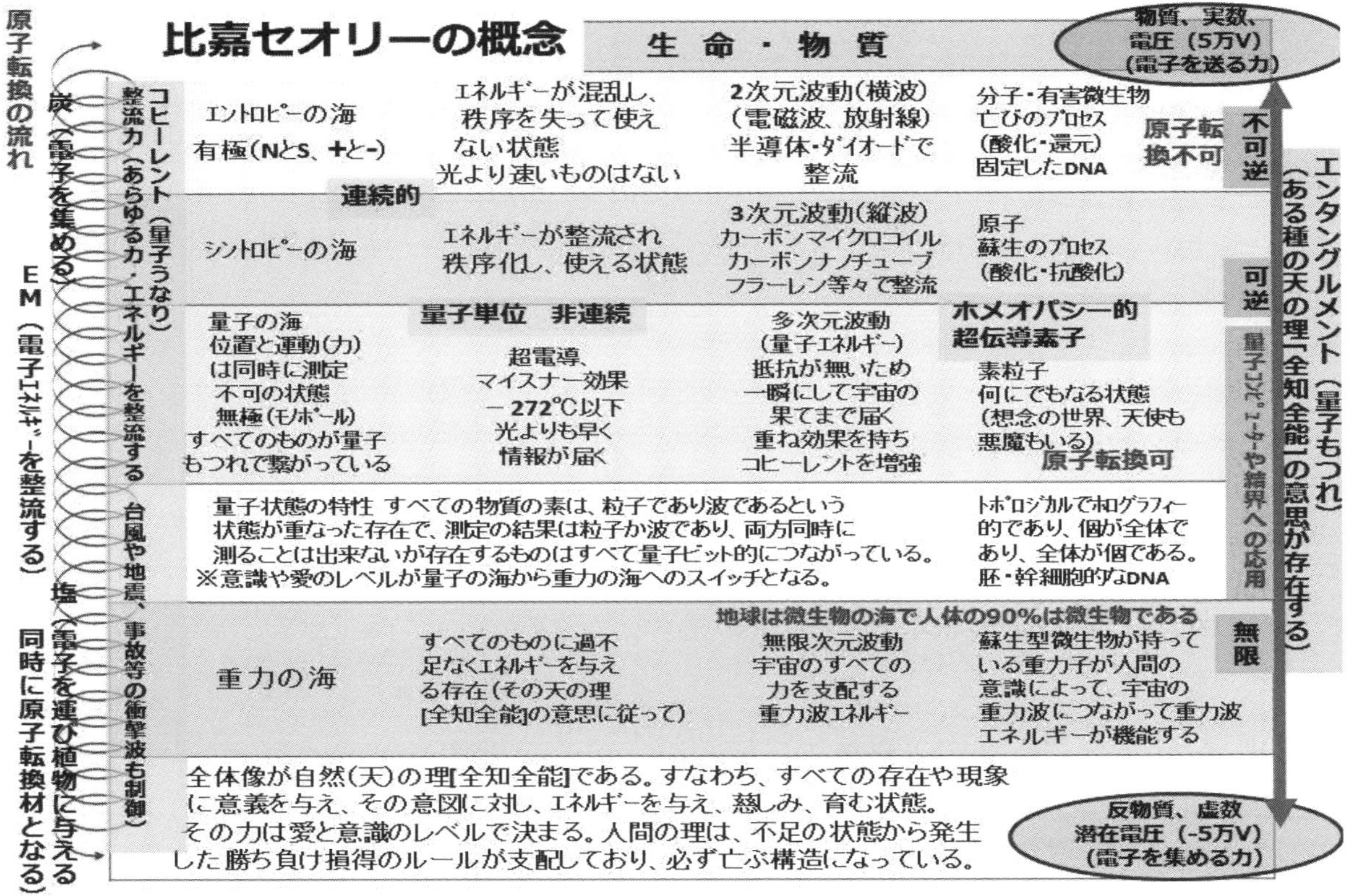
比嘉セオリーの概念
生命・物質
物質、実数、電圧（5万V）（電子を送る力）
反物質、虚数 潜在電圧（-5万V）（電子を集める力）
エンタングルメント（量子もつれ）（ある種の天の理「全知全能」の意思が存在する）
コヒーレント（量子うなり）
整流力（あらゆる力・エネルギーを整流する 台風や地震、事故等の衝撃波も制御）
原子転換の流れ
炭（電子を集める）
EM（電子エネルギーを整流する）
塩（電子を運び植物に与える
同時に原子転換材となる）
エントロピーの海
有極（NとS、+と-）
エネルギーが混乱し、秩序を失って使えない状態
光より速いものはない
2次元波動（横波）（電磁波、放射線）半導体・ダイオードで整流
分子・有害微生物
亡びのプロセス
（酸化・還元）
固定したDNA
原子転換不可
不可逆
連続的
シントロピーの海
エネルギーが整流され秩序化し、使える状態
3次元波動（縦波）カーボンマイクロコイル カーボンナノチューブ フラーレン等々で整流
原子
蘇生のプロセス
（酸化・抗酸化）
可逆
量子単位 非連続
量子の海
位置と運動（力）は同時に測定不可の状態
無極（モノポール）
すべてのものが量子もつれで繋がっている
超電導、マイスナー効果
－272℃以下
光よりも早く情報が届く
多次元波動（量子エネルギー）
抵抗が無いため一瞬にして宇宙の果てまで届く
重ね効果を持ちコヒーレントを増強
ホメオパシー的超伝導素子
素粒子
何にでもなる状態（想念の世界、天使も悪魔もいる）
原子転換可
量子コンピューターや結界への応用
量子状態の特性 すべての物質の素は、粒子であり波であるという状態が重なった存在で、測定の結果は粒子か波であり、両方同時に測ることは出来ないが存在するものはすべて量子ビット的につながっている。
※意識や愛のレベルが量子の海から重力の海へのスイッチとなる。
トポロジカルでホログラフィー的であり、個が全体であり、全体が個である。
胚・幹細胞的なDNA
地球は微生物の海で人体の90%は微生物である
重力の海
すべてのものに過不足なくエネルギーを与える存在（その天の理[全知全能]の意思に従って）
無限次元波動
宇宙のすべての力を支配する
重力波エネルギー
蘇生型微生物が持っている重力子が人間の意識によって、宇宙の重力波につながって重力波エネルギーが機能する
無限
全体像が自然（天）の理[全知全能]である。すなわち、すべての存在や現象に意義を与え、その意図に対し、エネルギーを与え、慈しみ、育む状態。
その力は愛と意識のレベルで決まる。人間の理は、不足の状態から発生した勝ち負け損得のルールが支配しており、必ず亡ぶ構造になっている。

矛盾していません。この光より速い現象に対し、アインシュタインは随分と抵抗したのですが、現実にはコペンハーゲン学派の人たちがいろんな理論実験をして、これは間違いないということになっています。すなわち、光より速く宇宙の果てまで瞬時に情報が届くという世界です。極性のない、磁気や電気という状態まではわかってきたのです。

3番目が有害なエネルギーを有用なエネルギーに転換する力です。有用か有害かという区別は全て電子の流れと量子状態のレベルで決まります。ＥＭはその流れを整流し、エネルギーレベルを高め量子状態に変える力があります。

ＥＭの機能の全体像を理解してもらうことは容易でありませんが、ＥＭを使いながら、図に示すような俗に比嘉セオリーと称される考え方を検証的に実行すればわかってもらえると思います。この図は、全体が立体的に重ね合っているという前提条件で見るとより理解が深まります。

まだ発展途上ですが、この図に書かれている意味を立体的に繰り返し理解を深めれば不都合な真実を全て解決することができます。

## いい微生物を大量にふやすことですべてが好転する

比嘉セオリーは、有用な微生物が機能して発生する重力波によって万能の世界が広がるという概念に支えられています。だからEMをまき、それが機能すると放射能が消えるのです。悪いエネルギーを転換して、いいエネルギー、すなわち使えるエネルギーにするのです。35年以上も前から私は、いい微生物をいっぱいふやして、この密度が環境中に広がると全て解決しますと主張してきました。環境はもとより、人間の健康や精神的な問題も全て解決しますと言ってきたのですが、当初はマイクロバイオームという概念でした。これは3～4年ぐらい前から世界的に認知されるようになりました。ある位置のDNAのコードを読むことで、環境中に存在する微生物の種類と量を特定できるメタゲノム解析法という画期的な解析手法の成果です。今では、NHKでもどこでも、腸内細菌とか、いろんな環境の微生物のことを強調し始めています。

しかしながら、放射能や酸性雨とかいろんな有害物質の拡散が起きると、プロトン

（陽子）によって強烈な酸化が誘発され、蘇生の力を削《けず》ってしまいます。結果的にはこの状況が大好きな微生物の悪魔的性質が強化され、悪い微生物がいっぱいふえる仕組みとなります。悪い微生物がふえれば、更にプロトン（陽子）が多くなります。そのため、フリーラジカルが連鎖的に強化され、みんな悪い方向に変わって破壊されてしまいます。この究極の代表格が放射能で、強烈なフリーラジカルで全てを破壊してしまいます。すなわち、強烈な連鎖的な酸化が起きているのです。この現象は時間とともに様々な基底力を弱体化します。

自然をきれいにし、大事にすれば、その結果として善玉菌の部分がふえていくため、自然を汚さないように大事にすれば回復できると多くの人は考えています。しかし、人間のスピードで汚染した現実は、自然を大事にしたからといっても、一度汚した川は100年待ってもきれいにならないというのと同じレベルの落差があります。しかし、EMの密度を高め、EMを効果的に活用すると、人間の考えるスピードで環境をきれいにすることができます。

それを実証するために、EMのボランティア活動を通しいろんなことをやっています。

その結果、東京湾は泳げるようになり、江戸前の漁業も復活しました。英虞《あご》湾もそうですし、三河湾もそうなんです。名古屋の堀川もきれいになりました。伊勢湾もかなりきれいになりました。

今、岡山県の児島湖とか長野県の諏訪湖でもやっています。諏訪湖は去年から始まって、かなりきれいになっています。戦後、公衆衛生法によって遊泳可という例は1件も出ていません。本当にきれいになってきましたので多分来年には泳げるようになると思います。その他、高知、三重、宮城でも新しい取り組みを始めています。

人工的に大量のいい微生物をふやして、ジャンジャンまき続け、その上にみんながEM生活に徹すれば、野菜の放射能、農薬、有害物質が全て無害化され、食品の安全性と機能性が向上し、この水を流せばまた環境がきれいになる。トイレや風呂や掃除など日常の生活でEMを使っていくと、あっという間に環境中の微生物は善玉菌のほうに引き寄せられるということになります。

それに対し、今までの学者は、自然界には微生物がいっぱいいるのだから、人工的に培養したいい微生物をいれても、在来微生物に負けてしまうという考えです。

微生物界は、多勢に無勢の法則に従っています。すなわち、多ければ絶対に勝つわけですから、いい微生物を生活の中でいっぱい増えるようにしてバンバン使えばよい。そうすれば環境中にもともと存在しているいい微生物も同時にふえるのです。ＥＭの信じられない実績は、この単純な考えに立脚しています。

福島では、１カ所で、月に30～40トンもＥＭをつくる大きなプロジェクト拠点もあり、現在ある50あまりの拠点をフル活動させれば、福島県全域にＥＭをまけるぐらいの体制ができているのです。あとは多くの人々の協力でＥＭをたくさんふやして、空気や水の如く使うようにすれば、全てが解決するという確信があります。効くまで使う。効いてしまったらその効果は持続しますので、あとの管理は簡単です。荒唐無稽《こうとうむけい》な話ではありません。膨大な実績に支えられた現実です。

## ＥＭの「整流」の仕組みなら電磁波さえもいいエネルギーに変換できる！

## パワーポイント②

崩壊のエネルギーは、電磁波とか放射能、45度以上の高温です。45度というのは、ミトコンドリアの働きがそこでとまってしまうのです。すなわち、細胞のエネルギーの供給がとまるので、45度以上の高温は避けたほうがいい。体温が45度になったら、何秒という間に確実に死んでしまいます。それから、強烈な酸化エネルギーです。プロトン（陽子）が過剰な状態になるからです。

地震や雷、台風の被害も衝撃波によって発生します。理論的にはそのエネルギーを整流すると被害が止められるということになります。沖縄では、ＥＭによる省エネの整流が数多く行われていますので、その戻り電流で高圧線も全部整流されています。そのため電磁波の弊害が著《いちじる》しく減少し、急に子どもの頭がよくなったのです。万年ビリだった全国学力

**有害なエネルギー（電子の流れが強すぎたり、混乱し、さまざまな抵抗が発生）**

**電磁波（紫外線、マイクロ波）**
**放射線（放射能）**
**熱線（45℃以上の高温）**
**フリーラジカル（強烈な酸化エネルギー）**
**衝撃波（地震、雷、台風、交通事故など）**

パワーポイント②

テストが、整流された後、すなわち2014年には47番からいきなり24番になりました。その次の2015年は20番に上がった。1つの県を追い越すのも大変なのに、2016年はとうとう13番になったのです。紫外線や台風の被害も極端に減っています。

沖縄には米軍基地とかいろいろあって低周波電磁波がすごいのです。いずれも集中力を低下させてしまいます。それが整流されて、電磁波の害が少なくなったという帰結です。携帯電話、高圧線をはじめ、見えない公害の中に我々はいるのですが、沖縄では殆ど解決されています。

## パワーポイント③

一般の発電所から送られてくる電気は交流で、常にプラスとマイナスが入れ替わって抵抗が強いため、半導体とかダイオードで整流して、ほぼ直

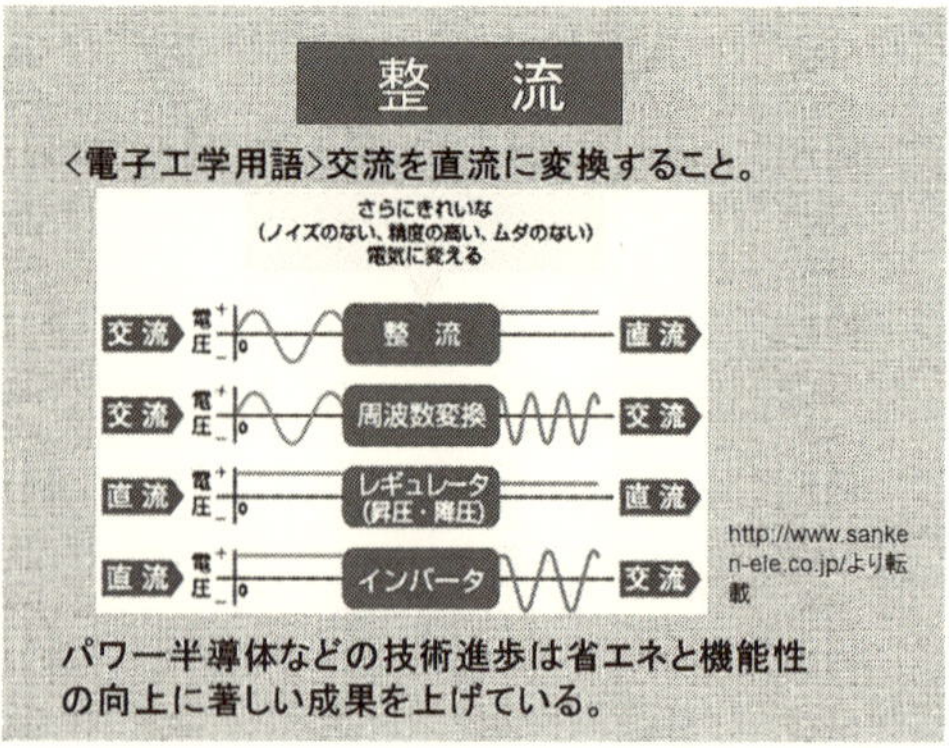


パワーポイント③

流状態にして各家庭で使っています。この状態は二次元波動なので、電気は使われると必ず電気抵抗や磁気抵抗が発生します。このレベルではどういう整流の方法をとっても、電気を使えばすでに説明した悪いエネルギーが必ず放出されることになります。

## パワーポイント④

いいエネルギーというのはどういうものかというと、電気の抵抗が極端に少なく効率よく使えるエネルギーということになります。すなわち、超電導エネルギーです。悪いエネルギーをＥＭの整流力で電子の流れを整えると、極性のない電子状態、要するに、すでに述べた量子状態に限りなく近いレベルになります。すなわち、何にでも変え得る万能的なエネルギーに変わるということになります。すなわち、生物や物質が使える本質的な

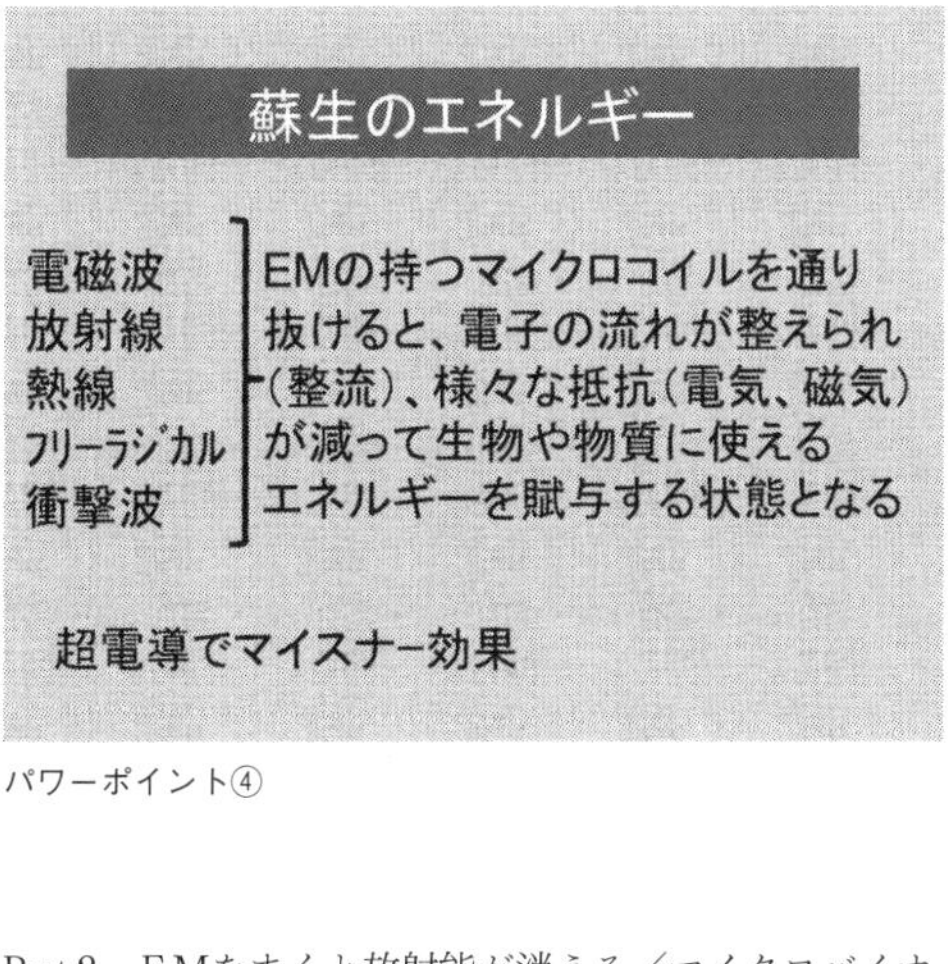
蘇生のエネルギー
電磁波
放射線
熱線
フリーラジカル
衝撃波
EMの持つマイクロコイルを通り抜けると、電子の流れが整えられ(整流)、様々な抵抗(電気、磁気)が減って生物や物質に使えるエネルギーを賦与する状態となる
超電導でマイスナー効果

パワーポイント④

エネルギーを付与することになります。この現象は超電導であり、電気抵抗がなく、磁気が乱れずに、どこにでも届くというマイスナー効果として考えることができます。

## パワーポイント⑤

これはEMの整流の仕組みで、光合成細菌がベースなのですが、全部コイル状のらせんになっています。放射能等の有害なエネルギーが三次元のらせんコイルを通る間に整流され無害化し、有用なエネルギーに切り替わりますので有害電磁波が発生することはありません。

さっき白鳥さんと話をしていたら、今泉智さんのところは線量が結構高いのですが、そこに思いきりEMをまいていったら、放射能が激減し、パワースポットに変わっています。このような環境

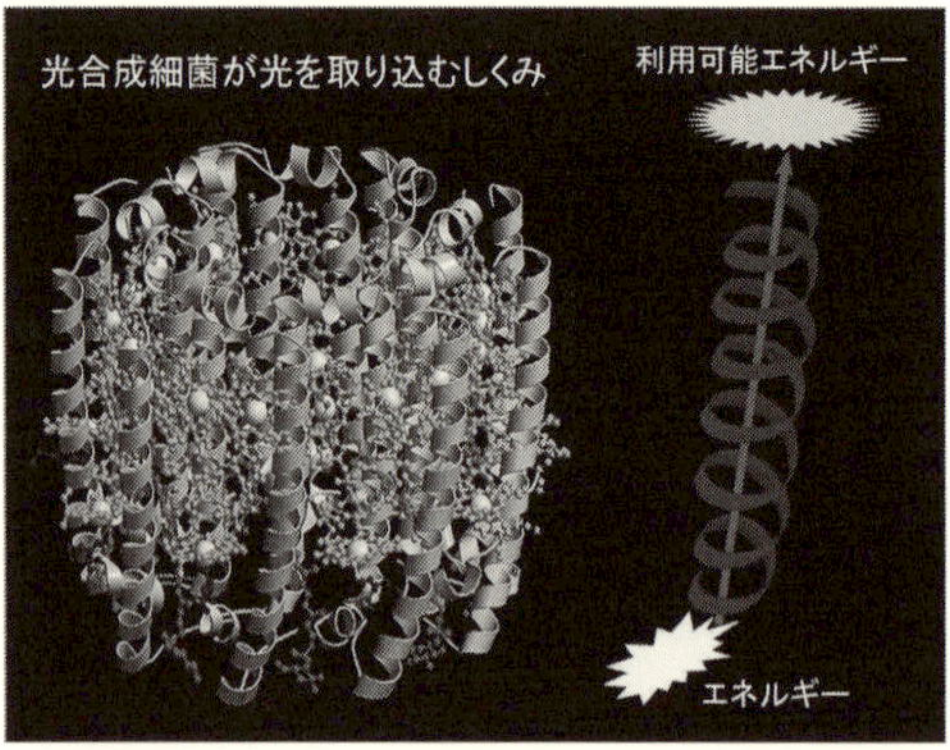


パワーポイント⑤

になれば、福島に引っ越ししたいみたいな雰囲気になるというのです。このくらい悪いエネルギーをいいエネルギーに変換するんです。これは電気抵抗が極端に少ない三次元の整流技術として期待されているカーボンマイクロコイルとか、カーボンナノチューブとか、フラーレンとかの原理と同じものです。理想というか未来の電気、省エネの技術は、らせんやコイルや超伝導素子の方向で進んでいます。それを実用化するのに容易ではありません。微生物でやったほうが、人間がつくるらせんよりもはるかに小さくて、効率がよい。こういう技術が既にでき上がっているということです。

## パワーポイント⑥

この直接の効果は、人間の病気や植物の生産力、生物の全ての免疫力、物質の機能性、環境のレベ

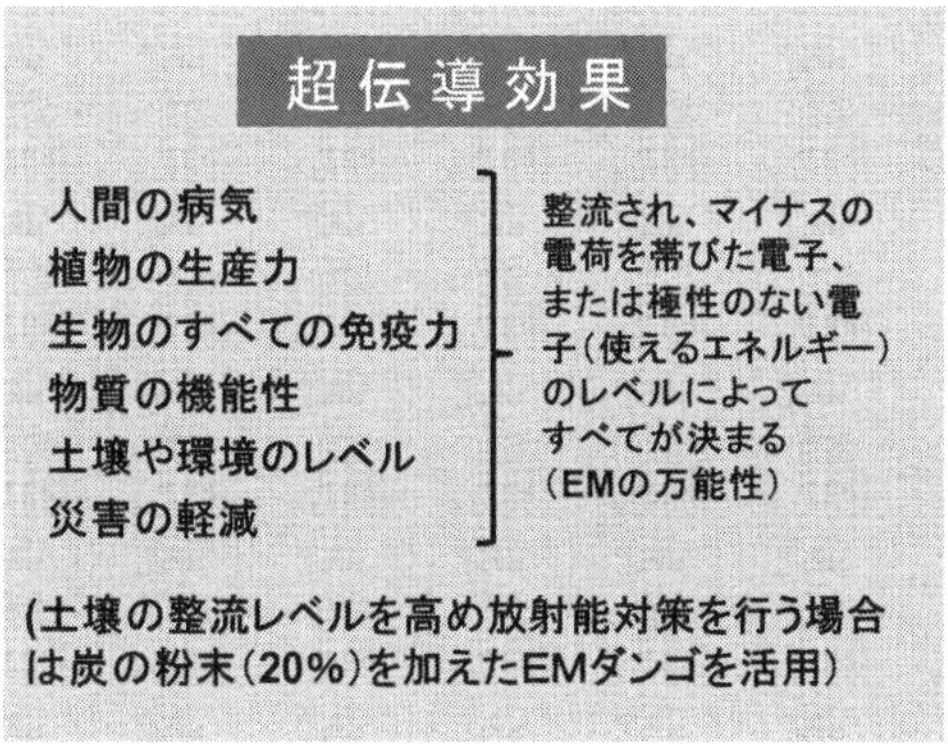

| | |
|---|---|
| 人間の病気<br>植物の生産力<br>生物のすべての免疫力<br>物質の機能性<br>土壌や環境のレベル<br>災害の軽減 | 整流され、マイナスの電荷を帯びた電子、または極性のない電子（使えるエネルギー）のレベルによってすべてが決まる（EMの万能性） |

(土壌の整流レベルを高め放射能対策を行う場合は炭の粉末（20%）を加えたEMダンゴを活用)

パワーポイント⑥

ル、様々な災害の軽減に応用され始めています。すなわち、比嘉セオリーを総合的に活用し、全てを量子状態に変えて、重力波を誘導すると、あらゆるものが蘇生の方向に向かうということです。この成果の良し悪しは扱う人の習慣次第なんです。意識的に常にEMに感謝し、使い続けているうちに、ある日、いつの間にか「えっ?」ということが起こります。何グラム、何ccやったからこうですよというエントロピーの世界ではありません。様々なEM技術を活用しEM生活に徹すれば、あるレベルに到達した時点から量子レベルが高くなり何もかも解決していた。精神的なものも、肉体的なものの全てが量子レベルの水準で決まりますが、それぞれの過去の負荷が違いますので、早く効果が出たり、なかなか期待どおりにならなかったりしますが、焦らずにきちっとやってもらえば、必ず解決の道に到達します。

## リンゴの実験

### パワーポイント⑦

ここからは比嘉セオリーの右端にある、エンタングルメント（量子もつれ）の応用を説明します。これは実験に使った長野県中川村のリンゴの木です。まわりに30～40匹のサルの集団がいて、いつ入り込むのか人間は見たことがないそうですが、収穫期になるとバーッと全部やられてしまうとのことです。野生動物で対応が最も難しいのがサルと言われています。EM技術が本当なら、この難問を解決してほしい、ということから取り組んだのです。サルに限らず、鳥類を含め野生動物は電磁気に量子的に対応して動いています。このバランスを整流し、野生動物をパニックにして撃退しようということです。

## パワーポイント⑧

パワーポイント⑦

500ccのペットボトルに、海水でつくったEM活性液と整流炭を10グラムぐらいとEMセラミックス10グラム、EM飲料を1cc入れて密封します。それだけでもEMの波動源または波動増幅ボトルとなります。

**パワーポイント⑨**

リンゴの木の四隅に鉄パイプを立て、図のようにミニロープを三段に張って結界を作ります。鉄パイプの上部にEMグラビトロン整流素子を貼り付けペットボトルは土中に半分埋め、そのボトルもミニロープで連結します。

**パワーポイント⑩**

EM活性液（EMセラミックスとEM炭入）

パワーポイント⑧

その結界線と近くの電柱を連結しミニロープの先端にＥＭグラビトロン整流素子を巻き付けます。この電柱は６６００ボルトの送電線がセットされています。すなわち、６６００ボルトでエネルギーを送ると、ここに潜在的に６６００ボルトのエネルギーを集

パワーポイント⑨

パワーポイント⑩

める力が残るという量子力学的解釈ができます。ですから、EMグラビトロン整流素子はその潜在的な6600ボルトの力を借りて空間のエネルギーを転換しミニロープに超伝導的なエネルギーを流すことになります。オーリング等で量子もつれを調べると強烈な反応があります。リンゴもおいしくなるし、サルとかイノシシ、シカも来ない。カラスやモグラも退散しますが、こんな話は誰も信じないため、この実験を公開することにしたのです。

**パワーポイント⑪**

最終的にサルの被害は全くなく、このような立派なリンゴができたのです。

**パワーポイント⑫**

紅玉は香りは良いが、酸っぱいとか、いろいろ

パワーポイント⑪

癖があります。けれども、本当においしい紅玉は、ケーキの材料としてピカイチなんです。これをケーキ屋さんに持っていったら、次は全部売ってくれと言われました。品質がすごくよくて変質しにくい。紅玉はちょっと置くとスカスカになりますが、それがない。

この結果を受けて、和歌山の南のほう（南紀）でポンカンに応用したのです。その地域のポンカンは3年前からサルに全部やられて収穫は皆無状態となっていました。でも、収穫1～2カ月前の12月に実行し1月に収穫。1個の被害もなくしかも充実しているのです。ポンカンは2月の末にはス上がりしてスカスカになりますが、4月までス上がりせず理想的な品質となりました。もともと私はミカンの専門家ですので、その成果に絶句し大喜びしました。サル対策と品質向上の絶対的な技術が出て来た

パワーポイント⑫

からです。

今年に入って、山形でサクランボ、山梨で桃とブドウにも応用していますが、生まれて初めてこんなすごいのをつくったという実物を添えた嬉しい話が続いています。比嘉セオリーは、微生物の持つ重力子が重力波を発生するという、関英男先生の説を踏まえ、その力で量子状態を作ったり、量子状態からエネルギーを引っ張り出したりする万能化説といえます。

**パワーポイント⑬⑭**

福島では、3月11日に事故があって、混乱の中、様々な手続きを終え、5月13日に飯舘村で実験を始めたのです。その結果、図13のように2カ月で4分の1に減ったことが確認され、また図14のように作物が放射性セシウムを殆ど吸収しないことが明らかとなったのです。

その段階でEMを散布しなかった隣接の対象区も同じように減ったのです。この現象はこれまでの物理学では全く説明できません。その影響は散布された場所から50メートルまで顕著で、100メートル以上も広がっています。

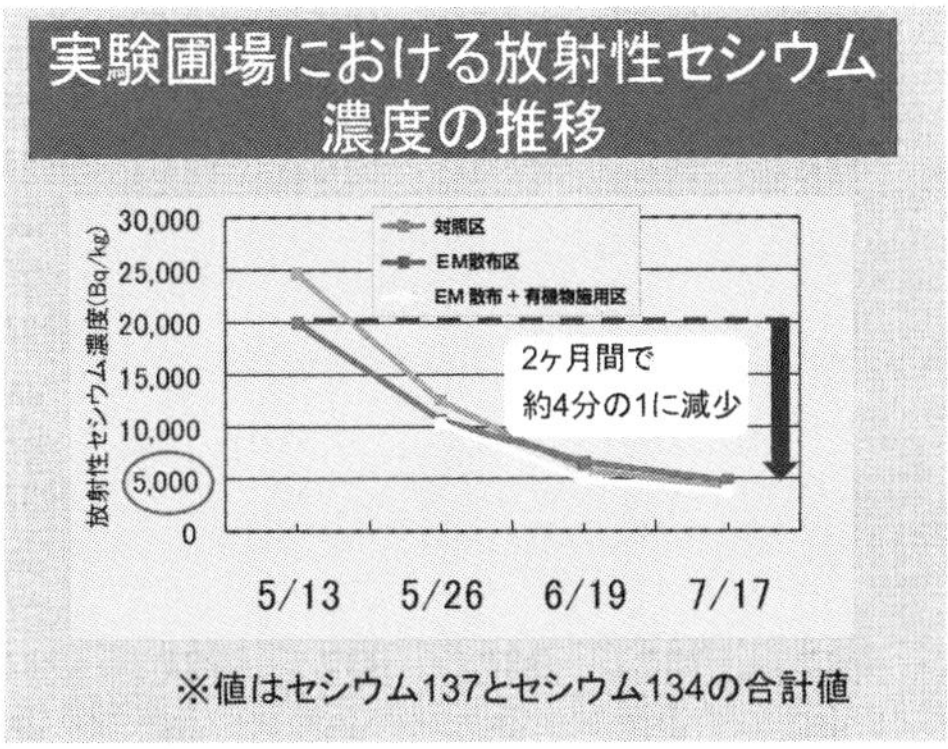


パワーポイント⑬

福島・EM栽培農家
農作物と農地の放射性セシウム濃度

| 地域 | 品目 | 農作物 Cs, Bq/kg | 土壌 Cs, Bq/kg | 検査日時 |
|---|---|---|---|---|
| 伊達市 | 小松菜 | 検出なし | 2,781 | 7月23日 |
| 伊達市 | 小松菜 | 検出なし | 1,779 | 9月21日 |
| 伊達市 | 小松菜 | 検出なし | 2,044 | 11月7日 |
| 伊達市 | ほうれん草 | 検出なし | 2,418 | 11月7日 |
| 福島市 | 梨 | 検出なし | 2,338 | 8月23日 |
| 本宮市 | きゅうり | 検出なし | 2,659 | 10月28日 |
| 本宮市 | なす | 検出なし | 4,984 | 10月28日 |

パワーポイント⑭

## パワーポイント⑮

EMで本当に放射能は減るのかということで、チェルノブイリ事故の被災国となったベラルーシの国立放射線生物学研究所との共同研究で、カラム（容器）に入れて、テストしました。そうしたら図15のように本当に減ったのです。酢酸を入れたり、いろんな方法をしても、それからしみ出たぐらいしか減らないのに、ガバッと減ってしまいました。このような実験は3回行われているのですが、毎回同じ結果なんです。実験方法に誤りはなく、再現性がありますので、いかなる学者や研究者もこれを否定することは不可能です。それらの結果はネット上で公開していますので、政府関係者も全部知っています。けれども、国際学会で発表していないとか、あり得ないとかイチャモンをつけています。この実験を行ったニキティン博士は、今回の結

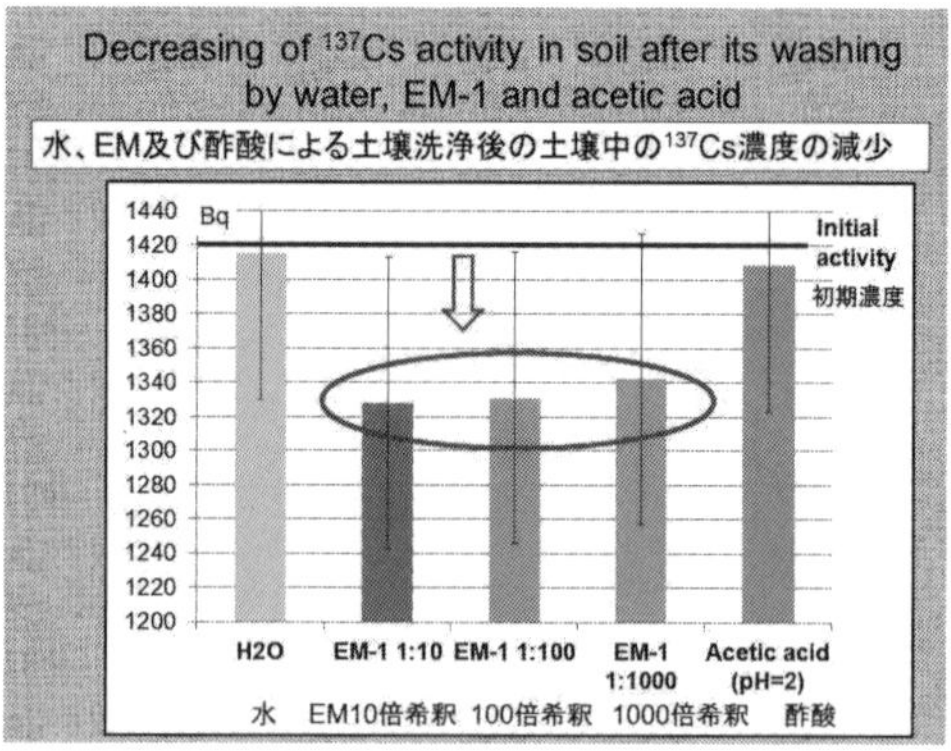


パワーポイント⑮

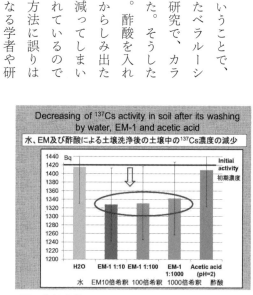

果に対し、これまでのいかなる理論でも説明できないと述べています。

この結果を受けて福島で55以上のEM活用プロジェクトが広がっています。せっかくならその成果を更に発展させ、福島の農産物は最高だという実績を作り、世界中に売っていこうという活動を続けています。

## パワーポイント⑯

この地図は、EMを大量に増やしてまけるようにした福島県内の拠点です。現在では50カ所、希望すればどこでも対応できるようになっています。EM

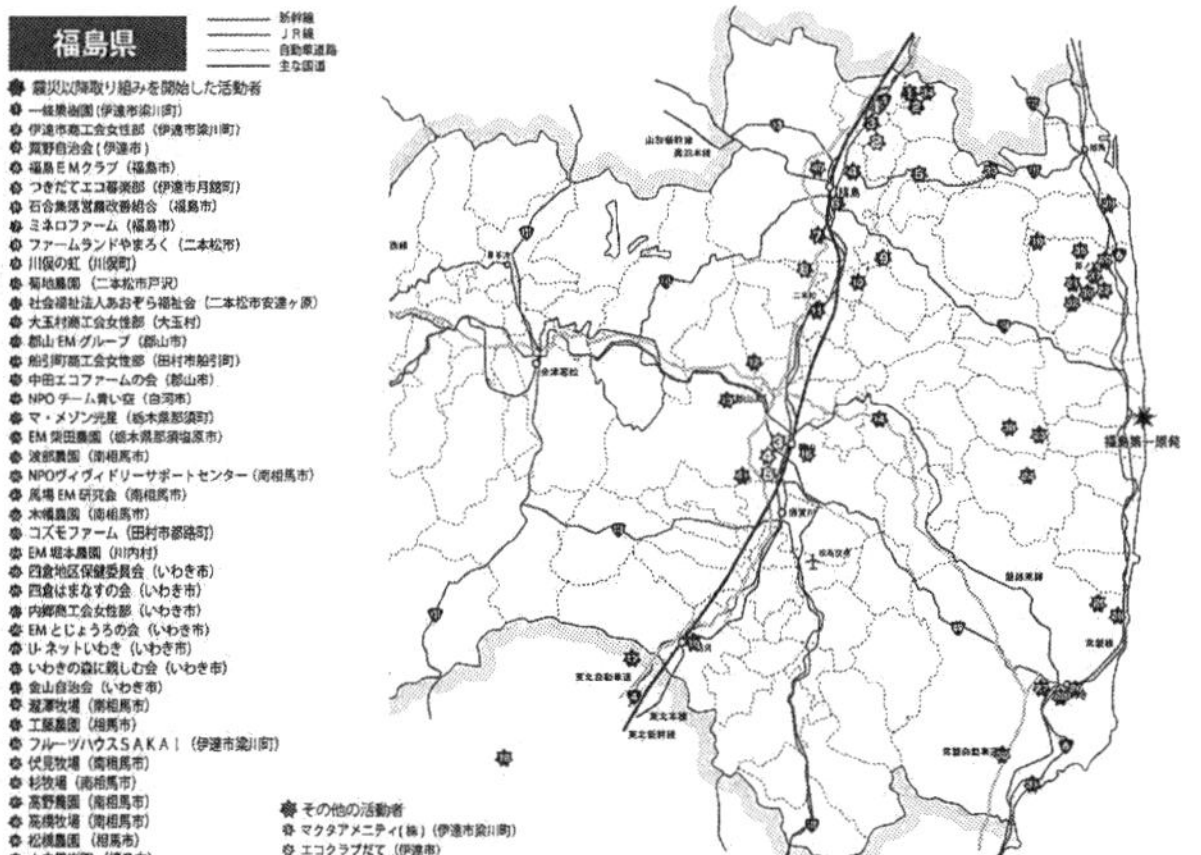


パワーポイント⑯

技術を活用すれば内部被曝も全部消えますし、環境の放射能消滅にも対応できます。現在でも年に4回福島でEM技術懇談会やフォーラムを行っているので、健康や農業、放射能に関するあらゆる問題で心配があれば相談してください。

最後に比嘉セオリーの左端の原子転換の実用事例を説明します。EMはこれまで中東や米国、中国などの広大な塩害地帯で多大な成果を上げていますが、東日本大震災を機に、その力はEMの原子転換力によるものという確信を得るようになりました。

## パワーポイント⑰⑱⑲

図17は、津波が水田に押し寄せた状況です。その後図18のように看板を立て公開実験を行いました。図19は9月上旬の状態ですが、これまでに例のない多収高品質となったのです。この結果を受け、今では塩を肥料の代わりに使うEMの原子転換力を活用した農業が急激に広がっています。この事実は誰も否定することができず、EMの原子転換力を認めざるを得ない実用技術となっています。

今年11月の下旬に、例年のように環境フォーラム「うつくしまEMパラダイス」を福島県教育会館で行います。この輪がどんどん広がっていけば、福島はもとより、大きな国際貢献に直結します。

EMを批判する人は誰一人EMを使っておりませんので、相手にする必要はありません。アンチEMの話を聞いてEMを使わない人は可哀想にも人生の貧乏くじを引いただ

パワーポイント⑰

パワーポイント⑱

パワーポイント⑲

けです。ＥＭ生活に徹している人は、人生の中で最高の宝くじを引き当てたようなものなんです。私はいつもそう言っています。ＥＭは想念を含めた量子の世界を支えているので、その活用は自分の運命を決めることに直結することを強調しています。

今日、初めてこの映画をご覧になって、こんなことを知らなかったという人が多いかと思いますが、あとは対応してくれるボランティアの皆さんがたくさんおりますので、遠慮なく提案なりご相談なりしていただければと思います。

追補

## 量子力学的世界像

量子力学を理解するためには、全ての存在に必ずもう1つの真実があることを覚えていてください。すなわち真逆の存在が常に重ね合わさった状態となっていることです。人間の健康や想念も例外ではありません。心が天使と悪魔の戦いの場になっているのもそのためで、この選択の重ね合せの総計で人生は決まります。人工知能や想像を絶する最先端技術も真逆の自在な活用法、すなわち量子力学の進化に支えられています。

# Part 3

# 「愛と微生物」で地球は本当に蘇ります！

## 白鳥 哲　しらとり てつ

映画監督・俳優・声優。常に時代の先にあるテーマを追求し、その先見の明には定評がある。劇場公開作品として、映画『ストーンエイジ』《2006年劇場公開》、映画『魂の教育』《2008年劇場公開》、映画『不食の時代』《2010年劇場公開》、映画『祈り～サムシンググレートとの対話～』《2012年劇場公開》、映画『蘇生』《2015年劇場公開》がある。映画『祈り』は、ニューヨークマンハッタン国際映画祭グランプリ、カリフォルニアフィルムアワード金賞、インドネシア国際平和平等映画祭優秀賞など数々の国際映画祭で賞を受賞し３年３カ月の国内歴代一位のロングランを達成。現在20世紀最大の奇跡の人エドガー・ケイシーに焦点をあてた映画『リーディング』を制作中。主な出演作品はアニメ「クレヨンしんちゃん」「名探偵コナン」「戦国BASARA」「鋼の錬金術師」や「動物戦隊ジュウオウジャー」、マイケル・ジャクソンの声などを担当。主な著書『ギフト』

（エコー出版）『世界は祈りでひとつになる』（VOICE）『祈りのとき』（VOICE）『地球蘇生へ』（VOICE）『いま最先端にいるメジャーな10人からの重大メッセージ』（ヒカルランド）など。シネマ夢クラブ推薦委員、一般社団法人９千年続く平成のいのちの森プロジェクト理事、エイベックス専任講師、株式会社OFFICE TETSU SHIRATORI 代表取締役社長。

## 愛が微生物に影響する

皆様、こんにちは。

森先生は、今日は日曜日なので、お水だけで過ごされています。これは腸内の微生物の働きなのです。微生物には本当にいろんな働きがあって、最近では、窒素をたんぱく質に変える微生物がいることがわかってきています。空気中の7割以上が窒素ですから、空気を吸うだけでたんぱく質が生まれてしまうのです。食べなくても生きていけるのです。

今日ご覧いただきました「蘇生」という映画は、今世界にものすごい勢いで広がっています。7カ国語に翻訳しましたので、ついこの間もドイツで上映されました。大変な反響で、その前はワシントン、ニューヨーク、フィンランドの国際会議でも上映されました。

私は、フィンランドでの上映の際、アメリカ人の観客にこのように言われたのです。

「放射能の事実を隠すのではなく、その事実を直視した上で希望を見せてくれた。人類にとっての希望を与えてくれてありがとう」と。

今、世界では、放射能を含めた汚染が大変な勢いで広がっています。地球は、我々の想像を絶するスピードで汚染されています。マスコミで知らされる情報は限られていますす。人間による汚染と破壊で多くの生物が大量死しているのです。2016年3月には、タイのプーケットのカマラビーチで正体不明の海洋生物が大量に打ち上げられました。5月にはアメリカのカリフォルニアでツナクラブの大量死が4回以上も発生しました。6月にはメキシコのバハ・カリフォルニア・スル州にあるセラルボ島の海岸に、角や毛のようなものを持っている海洋生物が打ち上げられました。その事実は皆さんも知っているのです。でも、それに対してどうすればいいのかわからないでいる。そんなときにこの映画「蘇生」が上映されて、皆さん希望がバーッと広がって、自分たちはこれをやればいいんだと、その感激を私に伝えてくださいました。と同時に、「日本人はすごい」とも。映画「蘇生」で語られている比嘉先生はまさしく日本人の鑑《かがみ》です。常に見返りを求めずに、地球の蘇生のために活動されています。その姿勢に世界の人は心を奪われるのです。

ちなみに、この映画は中国語版が作成されました。中国では、自分たちが汚染を振りまいていることをよく知っているんです。恥ずかしいとも感じている。それに対してこのような希望を見せられて、自分たちも日本人のようにならなくては、日本人はすごいと思っている。

私が監督しました前作の映画「祈り―サムシンググレートとの対話―」という作品は、２０１２年９月から３年３カ月というロングラン記録を達成しました。実は、そのような映画はほかにないのです。２０１４年12月、正式にその記録を伝えられました。映画「祈り」は、祈りを含めた意識が現実にどう影響するかの科学的な研究が取り上げられた映画でした。

その映画を制作中に、私はある事実、微生物と祈りという実験があるのを知りました。アイスランド大学のエルレンドゥール・ハラルドソンという方が行った実験なんですけれども、微生物の中で酵母菌という有用な微生物がいるんです。彼らはアルコールを産出したり、ビタミンをつくったりする。それを試験管２４０本に入れて、１２０本はお祈りして、120本は祈らないという実験がされたのです。どうなると思いますか。実際に祈ったほうの酵母菌は成長率がグンと上がります。何遍やっても同じような結果が出ます。私たちの意識、愛ある行為が微生物たちに影響を与えるのです。3000万種以上の生命がいるこの地球は、私たちの意識の反映であるということなのです。

愛が微生物に影響するんだという体験を、私はこの映画を制作中に何遍も目撃しています。鹿児島県志布志《しぶし》市にあります焼酎工場を取材しに行ったのです。映画の中にも登場しますが、焼酎ですから麹菌と酵母菌が働きます。焼酎をつくられる杜氏の方にお話を聞いたときに、杜氏の方は私にこう言ったのです。彼らより偉いんだと思った瞬間に発酵がうまくいかない。寄り添って、彼らの尊厳を認めて、愛を込めて育てると発酵がうまくいって、おいしい焼酎ができる。愛する気持ちが微生物に影響を与えるのです。

考えてみますと、手前味噌というのも、お母さんの手作りのお味噌は愛情がこもっているからおいしくなるのです。その中にある乳酸菌や酵母菌たちが働いて、おいしいお味噌になる。日本酒もそうです。ワインだってそうです。昔からワインや日本酒の醸造の時に何故歌を歌うのか。彼らが喜ぶからです。無視したり怒ったりすれば、当然発酵はうまくいきません。どんなに有用な微生物でさえもです。

ついこの間、私はこのような報告を受けたのです。有用な微生物の集まりであるEMでさえも、怒ったりすると悪臭がする。微生物には心を見透かされているのです。

ちなみに、2007年から日本、アメリカ、欧州、中国などから成るヒト・マイクロバイオーム・プロジェクトという科学的な研究が進んでいます。人体の微生物叢の研究です。それによりますと、私たちの体には1000兆個近くの微生物がいます。1000兆ですから、物すごい数ですよ。そしてその微生物に私たちの情緒が影響することがわかってきているのです。

例えば腸内には、先ほどの有用な微生物、酵母菌とか乳酸菌がいます。彼らが多くなるとセロトニンが多く出ることがわかっています。セロトニンは心を安定化する物質で、穏やかな気持ち、治癒効果にも関係します。腸内の微生物が有用な方向に変わると穏やかになっていくのです。

逆もあります。腐敗菌だらけになるとノルアドレナリンが多く出ます。ノルアドレナリンは、いらいらしたり怒ったりするときに出る物質です。攻撃体質になっていきます。

私たちの意識は、エネルギーを持っています。感情を持つだけでエネルギーが出ているのです。このエネルギーは微細なる生き物たちにも影響しています。悲しんだり怒ったりすれば瞬時に微生物に伝わるのです。ですので、先程のお話のとおりどんなにいい微生物でも、怒って無視したり、疑ったりすれば、うまく発酵しなくなります。ちゃんと寄り添って、彼らの尊厳を認めて、愛を込めて微生物と接したときに、私たちに力をかしてくれる。愛ある行為が微生物たちに影響します。

不思議なもので、微生物の発酵にかかわっている人たちは、みんな愛があふれてくるのです。私は映画「蘇生」制作中の4年間、そして日本の劇場で公開されて上映する1年の間、微生物の発酵にかかわる人たちが純粋で愛にあふれる瞬間を何度も目撃し感動しました。

ちょっと余談なのですが、私が監督した映画「祈り」の制作の過程で、こんな実験があることも知りました。「放射性物質と祈りという実験」です。これはスイス大学で行われた実験なのですが、放射性物質の中に放射性セシウムという物質があり、これに対してみんなでお祈りするとどうなるかという実験です。お祈りすると、実際に空間線量が下がるのです。

その実験結果を知った東京のある市民団体の代表の方が、一昨年、私にある動画を送ってくれました。動画はこのような内容でした。放射性トリチウムというのがありますが、動画では大体2マイクロシーベルトありました。そこにお水を2つ用意します。1つは何もしないお水、もう1つはお祈りをしたお水。これらをかけるとどうなるかという実験をするのです。何もしないほうをかけますと、当然何の変化も起きません。祈ったほうのお水をかけた途端に0・7まで下がるんですよ。2マイクロシーベルト位あったものが下がった。本当なんだと、さすがに驚きました。

ちなみに、そのときの実験の内容は非常におもしろくて、祈りのプロ、ヒーラーの方、祈禱師の方と、参加しました。一方で、普通の方が参加するんです。この両者、どんな違いがあったと思いますか。変わらないんです。その実験結果を聞いて、ヒーラーの方は落ち込んでいたということです。

このときになされた祈りは、「子どもたちが健康でありますように」というお祈りです。子どものことを思っているときは、無償の気持ちになります。エゴがなくなります。

この愛ある祈りは、放射性物質でさえも変える力があるのです。

## バリ、タイから始まって世界に広がる微生物の力／日本よ遅れをとるな！

微生物の発酵にかかわっている人たちは、決して日本だけでなくて、世界各地にいらして、今、有用微生物群は、世界中に広がっています。世界150カ国以上に広がっているのですが、その中で東南アジアは非常に象徴的な発展をしているので、私は、映画「蘇生」を撮るに当たって東南アジア諸国を取材しました。地球の蘇生、微生物の発酵に取り組まれている方たちは、皆さん、穏やかなのです。

ちなみに、映画に登場してくださいましたインドネシアのバリ島のウディ・ダナさんと私は日本で初めてお会いしたとき、本当にニコニコして何も話さない普通のおじさんという印象だったのですが、バリ島では実力者で、微生物の技術をバリ島をあげて広めていらっしゃいます。当然、土がふかふかになって、いい作物がとれるので、皆さん、それを活用していきます。それだけではなくて、生活でも使うようになるのです。今やインドネシアのバリ島では、放送局まで微生物の技術の名前をいただいて使用しています。その名も「ボカシFM」。そして、「ボカシ」をラップで歌う曲も流れていました。それぐらい生活に浸透しています。

そして、マレーシアは、私たちが想像する以上に、経済が非常に発展しています。そこでタナステラ社という建設会社が中心となって、有用微生物群を使った循環型の都市が実際に作られています。都市で出たゴミは堆肥になって資源に変わります。微生物の技術は、もちろん、ゴミ問題を解決するだけではありません。エネルギー問題も解決していきます。

光合成細菌という微生物たちは、電磁波として出される電子のゴミを整えてくれますので、節電されていくのです。私は、マレーシアで有用微生物群を使い始めたホテルの経営者などのお話を伺ったときに、言われたことがあったのです。「有用微生物群で掃除や洗濯、調理などをするようになってから、3割節電されるようになった」と。

比嘉先生は早くから有用微生物群のエネルギーを活用できることを気づかれていらし

になっています。

たので、今や先生の技術は更に進化を遂げていて、通常の5割以下に節電できるように

エネルギーだけではありません。微生物の中でも光合成細菌は、スーパー細菌で、1200度という高温でもちゃんと情報が残ります。ですので、コンクリート、セメント、ペンキなど建築資材に使えるのです。微生物でできたコンクリートは、何と500年とか600年までもつようになる。なぜそういうことが起きるかというと、微生物たちを介すると、水のクラスター構造が細かくなっていきますので、コンクリートの強度が増すわけです。

びっくりするのは、微生物でできた建物の中は、気温が適温になるんです。私が取材に行ったのは3月でしたが、マレーシア、タイは34～35度ありました。ところが、その建物に入った途端にひんやりして、過ごしやすいのです。

そして、微生物の活用は何といってもタイですね。タイでは、国王陛下が「足るを知る経済」を打ち出しているのです。日本人はこれを忘れていると思いませんか。2016年に他界したプミポン・アドゥンヤデート国王陛下が唱える「足るを知る経済」を頑

張ってやろうということで、軍隊が住民に指導するわけです。軍隊が指導しますので、住民たちもやるようになるわけです。２０１１年にタイで大変な洪水があったときも、ＥＭで一挙に収束しました。

タイではピチェット大将が、映画に登場してくださいました。この方は本当に有名人で、タイの国民は皆、尊敬しているのです。私は空港で出迎えていただいたのですが、みんなピチェット大将を見かけると、「あーっ」という感じで、食堂で一緒に食事していても、皆さんが敬意を表されるぐらい偉い方だったのです。そのピチェット大将が私にこのようにおっしゃいました。「テロや戦争があるのは貧しさゆえである。貧しい方々の自立を支援していくことが、テロや戦争をなくしていくことになる」と。そして、有用微生物群を使って、衣・食・住・エネルギーの自立支援指導をされているのです。私は感動しました。

実際に作物を育てるのに有用微生物群を使いますので、非常にいい野菜ができます。土もふかふかになります。ニワトリなんかも育てるんですが、ニワトリたちは悪臭がしなくなるんです。いい卵ができてきます。

建物も、軍隊の指導のもとに、微生物のブロックでつくられます。非常に安価で、一戸建ての建物が日本円で約8万円でできてしまうのです。そしてとても過ごしやすい建物になっていました。

私はここにすごい希望を感じました。人類はこれから循環型社会をつくっていかなければならない。そのモデルが、タイで始まっているのです。

## 見返りを求めない行動で世界を変える

私は比嘉先生にお会いしてから5年間、何遍も感銘を受けることがありました。比嘉先生のおっしゃられたこのような言葉があります。「見返りを求めないボランティアが世界を変える」。この言葉の重みを、何遍も感じてきました。

2016年、映画「蘇生」の上映で東大寺に行きました。奈良の東大寺は、以前行った時の私の記憶では、鹿の糞が大変な臭さで、境内の鏡池は「鏡」どころではなかったのです。緑のアオコが張っていた。松も枯れていた印象があったんです。ところが、2

009年からボランティアの人たちが毎日500ミリリットルの有用微生物群を散布し続けたんです。その結果、糞のにおいがなくなりました。鏡池は今では鏡のようになっているのです。大変感激しました。

そして、何といっても福島です。本当に知れば知るほど頭の下がる思いでいっぱいになります。先ほどお話があったとおり福島を中心とした東北の復興拠点は55カ所まで広がっています。これは本当に地元をよみがえらせたい一心で地元の方たちが立ち上がって、風評被害に負けずに自分で結果を残し続けているのです。それを私はこの4月に目撃してきています。

まず、那須塩原の柴田農園の柴田さん。那須塩原は、原発事故直後、2マイクロシーベルト以上の大変高い放射能にさらされました。そのとき柴田さんには、きっと微生物たちが改善してくれると、確信があったそうです。そのときから毎日、微生物を散布し続けています。その結果、2マイクロシーベルトあったものが、今0・2まで下がっています。もちろん、空気中の放射能量が下がるだけではありません。そこでとれた作物は、検出限界以下になり、品質の良い安全なおいしい野菜になっているのです。

実は私は映画「蘇生」の取材で、ある事実を知りました。「蘇生」に登場してくださいましたバイオ学者の飯山一郎先生は、ある実験をしました。先ほどからお話ししている光合成細菌に放射能を浴びせる実験です。すると光合成細菌は、放射能を照射したラインに沿って群がるように増殖していったのです。放射能が増殖のエネルギーに変わる。ピンチがチャンスに変わるのです。

この有用微生物群の技術は、チェルノブイリ事故以降、ベラルーシ共和国で常に実験が繰り返されています。そこで明らかになってきているのは、有用微生物群は放射性物質を移行抑制し、逆に成長のエネルギーに変えているということです。

前述の柴田さんに、そこでとれたカボチャをいただいたんですよ。そのカボチャがおいしくて、甘くて、ふかふかで感動しました。もちろんND（検出限界以下）です。ピンチがチャンスに変わる。柴田さんは微生物を散布していくうちに、屋根がきれいになり、家がきれいになっていくことに気づかれたのです。

あるとき、シロアリ業者の方が調べに来た際、帰りがけに首を傾げるので「どうしたんですか」と話を聞いたら、「シロアリがいた形跡があるのですが、シロアリがいないんです」と言ったそうです。微生物は全ての生命の底辺です。彼らが蘇生型に変わると、その上にいる虫や生き物たちが、蘇生型の生き物になっていく。もちろんシロアリなんかいなくなっていきます。ゴキブリもハエもいなくなります。一番底辺である微生物が蘇生型に変わった瞬間に、全ての命が蘇生方向に向かい始める。

そして、何といっても田村市の今泉智さん、「EMの微笑」の今泉さん。田村市は原発立地区域から約20キロ圏内です。警戒避難区域でした。当然避難しなさいと勧告を受けました。ところが、今泉さんは確信があったので、避難しないと拒んだのです。それで微生物を散布し続けた。何と1トンタンク40個以上。当時は、みんな避難されていますね。お友達と一緒に大量にまき続けました。私も車で同行させていただきましたが、すごい広範囲です。そこにバーッと散布した。すると空気も変わるのです。土もふかふかになります。もちろん、今、放射能は下がっています。そして、そこにモリアオガエルが戻ってきているのです。モリアオガエルは絶滅危惧種です。微生物の生態が変わることで水が浄化されてきて、彼らがどんどん蘇って、福島が希望となっていくんです。

私は、今泉さんの「EMの微笑」の場所に行ったときに、あまりにも居心地がよくて、このまま、ここに住み続けたいなと思いました。誰もが来たくなる土地になっています。イヤシロチ化されているのです。ピンチがチャンスに変わったのです。

もちろん、福島だけではありません。宮崎県の口蹄疫、常総市の水害、熊本の震災などボランティアの皆さんたちは初期段階から動かれて、有用微生物群を散布し、災害支援のため無償提供されて続けています。

東日本大震災の時、仙台の海岸から2・5キロにあった鈴木有機農園の鈴木さんに取材させていただいたときも、本当に感激しました。津波の塩害は避けられないので、3年~5年は稲作ができないだろうと言われていたのです。瓦礫だけでなくヘドロの山だった。ところが、鈴木さんは、このヘドロこそチャンスに変わる。微生物にとって海のヘドロはミネラルの宝庫なのです。塩水が多ければ多いほど有用な微生物たちがふえます。そのことを鈴木さんはよく知っていらした。そこでU－ネットに支援をしていただいて、無償で井戸がつくられたのです。そのときに支えてくださったのが、見返りを求めないボランティアの方たちなのです。

## 「あとからくる者のために」

私たちは1人では生きていけません。動物や植物、微生物たち、全ての命が捧げられて、生かされているのです。そのことを私たち日本人が世界に示すチャンスです。今ある55カ所の方たちをサポートして、さらに広がっていったら、福島は人類の希望になります。それぐらい、今世界が注目しているんです。私は映画「蘇生」の上映で海外に行ったときに、そのことを確信しました。放射性物質が垂れ流しにされている現状はみんな知っている。その事実を隠すのではなくて、ちゃんと向き合って、できることをやるのです。

フィンランドの国際会議のとき、私はホピ族の長老とお会いしました。ホピ族は、どんどん追い詰められて、隔離されて生活しなければいけない状況にあった方々です。そのホピ族の教えの中に、予言書の石があるというお話を聞きました。その石に書かれているのは、第4の世界から第5の世界へ2つの道筋があるということです。1つの道筋は途中で切れているのです。もう1つの道筋はずっとつながっている。私たちが今のように循環を断ち切った生き方をして、自分のエゴばかりを主張し続ける時代は、やがて滅びを迎える。でも、もし循環を思い出し、その生活を改めて、生き方を変えて、エネルギーを変えて循環を取り戻せたら、未来は続いていく。

ホピ族には、「7世代先を考えて行動する」という教えがあります。7世代ですよ。今、日本では、目先の経済成長、目先のことしか見ていないのではないでしょうか。後から続く子孫のことを私たちは今こそ考えて行動すべき時期に来ています。

最後に、皆さんに、映画「蘇生」でも最後に語られた詩を読んでお話を終えたいと思います。

あとからくる者のために
あとからくる者のために
田畑を耕し
種を用意しておくのだ

山を　川を　海を
綺麗にしておくのだ
ああ
あとからくる者のために
苦労をし　我慢をし
みなそれぞれの力を傾けるのだ
あとから
あとから続いてくる
あの可愛い者たちのために
みなそれぞれ　自分にできる
なにかをしてゆくのだ

（「映画「蘇生」より」）

# 第2部

# 微生物は重力波である

# Part 4

# EM王国へ

## 白鳥監督と森美智代さんとの出会い

そもそも森美智代先生と初めてお会いしたのは、2005年、私が「不食の時代」という映画をつくろうと思ったことから始まるのです。

当時私は、右脳開発児童教育の第一人者七《しち》田《だ》眞《まこと》先生のテレビ番組を制作していたのですが、そのとき七田先生が、人間は食べなくても生きていけるのですよという話をされたのです。そのときに、森美智代さんという現代の仙人がいるということを初めて知りました。私は芸の世界で、食という文化は、舌で覚えろと教育されてきており、おいしいものをとにかくたくさん食べるという中で育ったので、七田先生は何を言いだしたのだろうと、衝撃を受けました。

その後に七田先生の「魂の教育」という映画をつくりまして、この映画をちょうど劇場で公開した初日に、当時七田先生が主宰されていた「眞会」という勉強会が開かれ、その会で七田先生が、「監督、次は森美智代さんの映画ですね。人間は食べなくても生きていけるのですよ」と言われたのです。

そのとき、これは改めて見直す必要があるなと思い始めました。そして森美智代先生の恩師である甲田先生のことを知ったのです。甲田先生は断食療法の先駆的指導者で、本当にすばらしい方で、「人類が菜食になるか、せめて肉食を半分に減らせば8億人は救える」とおっしゃっています。私は「愛と慈悲の少食」ということを甲田先生の言葉から知り、そのときから改めて「食」を見直すようになっていきました。

私たちは食べなければならないと洗脳されコントロールされている世界にいるのだということに気づき始めたのです。そもそも日本人はそんなに食べなかったのです。2食が当たり前だったのです。明治初頭の日本人は、日光―江戸間14時間をノンストップで走り続けるだけの体力があった。でも、そのとき食べていたのはアワ、ヒエ、ユリネとかで、本当にどこに栄養があるんだろうというものを食べていただけなのです。この間、ユリネを食べて、こんなに力強い食材なのだということに感心しました。本当においしかったのです。当時、栄養学を学ばれた海外の人たちも日本人の食生活そのものにびっくりしたとのことです。私は、戦後、食肉を売るための洗脳に遭い、今の常識ができあがってきたのだと気づき始めました。

そして、たくさん食べることで、我々は健康を害するということを知るようになってきたのです。そもそも外敵を倒すための免疫を上げるためにある力を消化のために使ってしまうわけですから、自分の体を守る力が奪われるのです。これは重要なことで、映画で伝えなければいけないと思いました。その映画には甲田光雄先生にも登場していただきたい、何といっても生きたお手本の森美智代先生にとにかくお会いしようと思いました。当時、映画の資金もまだ全くない中で、森先生のホームページ宛てに思いのたけのメールを差し上げたのです。そうしたら、思いがけず森先生から「いいですよ。○○日に東京に来るので、この日だったら大丈夫ですよ」と連絡をいただいて、初めてお会いしました。

初めて森先生と会ったときに、何てピュアな方だ、すごく清らかな感じの方だというのが私の最初の印象でした。「日月神示」に、人類は半霊半物質に向かうという内容が出ていますが、森先生はまさしくそういう存在で、存在感がない訳ではなく、「透明感ある存在」であるということをすごく感じました。

当時、先生はあまりしゃべられる方ではなくて、私が質問を投げかけると、「そうですねえ」と。「先生、これはどうなんですか」と聞くと、「そうですねえ」（笑）。だから、私もインタビューするのにちょっと苦労したんです。まさか今みたいにいろんなところでお話しされるとは、当時はとても思えませんでした。

それが最初のなれそめですが、そのとき森先生はどういうふうにお感じになられたんですか。

そうですねえ（笑）。何か覚えていないですけど、口が重たかったですかね。

あまり話したくないことは本当に話されない。ただ、不思議なのは、森先生と話していると、どうでもよくなっていっちゃうのです。議論が生まれてこない。私は、ある段階から気づき始めたんですよ。1日青汁1杯で20年近く過ごされてくると、心が浄化されて透明になっていくので、穏やかになっていくし、ムダな対立感がなくなっていくのです。だから、ものすごく攻撃的な方も森先生に会ったら、急に「ああ、もういいか」と思い始める（笑）。実際、そういう波動になっているんですね。ある段階から、自分でもそれに気づいてきて、森先生は青汁1杯で過ごされていますけれども、食べない食生活に変わることで意識そのものも清らかに透明になっていくんだなと思ったんです。

そして、当時森先生の恩師である甲田光雄先生に私はお会いしたかったんです。先生には必ず映画に出ていただきたいという思いがあった。ところが、その1年前に亡くなられていて、そのとき、正直、ショックが大きかったのです。映画、どうしようかな、甲田先生がいないと映画が成り立たないと思いました。

映画「不食の時代」が公開されて5年後、2015年の8月に、名古屋駅前で森先生とばったり会ったことがありました。その日、私は予定より早い時間に名古屋駅に到着しました。お盆だったので名古屋駅前は物凄い人込みでしたが、森先生は、私と会う予定でいたかのように普通にあらわれたのです。確かにその日は、森先生も比嘉先生に会うために名古屋での映画「蘇生」の上映会場にいらっしゃる日だったのですが、何故か先生は、名古屋駅前に立っていらっしゃったのです。

私は「先生、ちょっとお時間ありますか」と聞きました。「先生、久しぶりにお茶……（といっても先生はお茶も飲まれないので）……お水を飲みませんか」とお誘いし、名古屋駅近くで一緒にお水を飲んだのです。

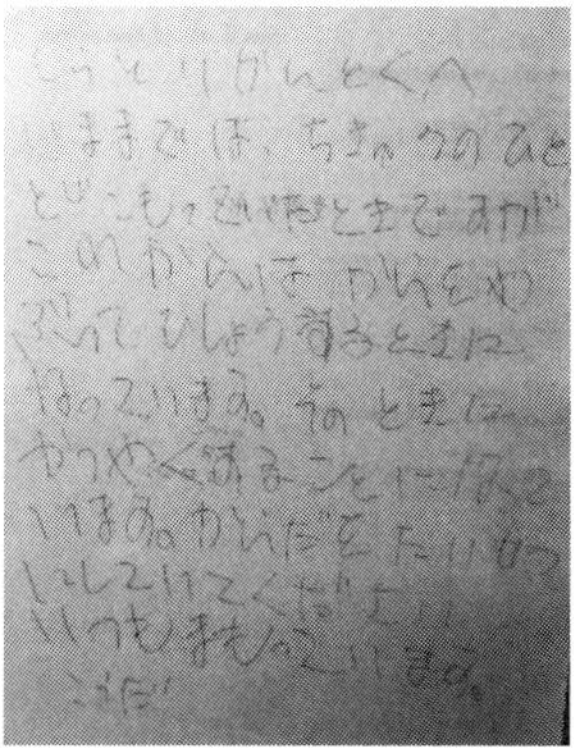

自動書記の内容

そうしたら、森先生が「監督、ペンと紙はありますか」と言って、何かを書き始めたのです。森先生は自動書記で書いていって「どうぞ」と渡してくださった。それは、甲田先生からのメッセージだったのです。会いたかった甲田先生にこのような形でお会いできて、ものすごく嬉しかったです。

あのときに書かれたメッセージは、一言で言うと「見守っています」という言葉だったのですが、まさしくその言葉は甲田先生からのメッセージだったと感じられ、肉体レベルではお会いできませんでしたが、意識体として会話させていただけました。

## 甲田先生への「ご恩返し」が集まって映画が完成した

白鳥監督に、最初、メールで映画を撮りたいと言われて、えっ、この方は誰なんだろうと思いました。私は映画も全然見ないし、よくわかりません。とりあえずお会いしようと思いました。

監督は燃えるような感じで質問してくださるんですけれども、私はそんなに燃えなくて（笑）、何となく撮ろうという感じだったんです。最後のほうでやっと話せる感じになってきて、お話しできたのが最初なんです。

甲田先生が亡くなったことを白鳥監督は知らなかったので、私は「不食の時代」を甲田先生が死んだことも知らない監督と一緒にやるなんてどうしようと思ったんです。どうしたら甲田先生の穴をうめられるかなと思ったら、甲田先生のことをよくご存知の昇《のぼり》幹夫《みきお》先生と羽間鋭雄《はざまとしお》先生のことが頭に浮かびました。昇先生はキーポイントの先生ですね。映画「1／4の奇跡～本当のことだから～」も昇先生が入って、村上先生が入ってできたみたいな感じでしょう。医学の権威として有名な、お笑いができるお医者さんが味方になってくれる。昇先生と羽間先生が、甲田先生のこととか不食について語ってくれるというので、私だけが言うよりも大変説得力のあるものになりました。

昇先生と他の出演者の皆様へ「申しわけありませんがボランティアでいいでしょう

か?」とお願いしたところ、皆「甲田光雄先生へのご恩返しですから、喜んで出させていただきます」と。甲田先生はたくさんの人に愛されていて、甲田先生のために何かしたいと思っていた方がたくさんおられて、映画になりました。映画の出演者のたくさんの患者さんにも、「映画に出ていただけませんか? ボランティアでいいですか?」と申し上げたら、甲田先生へのご恩返しでとみなさん快くOKしてくださいました。

スポンサーがいないと相談されたときにも、サンスターさんの会長さんと奥様に、芦屋のご自宅に行って治療をしながら、「実は『不食の時代』という映画を作っているのですけれども、スポンサーをお願いできないでしょうか」と申し上げたら、「そうだね。甲田先生のお葬式を社葬でやりたいぐらい先生が好きだったんだけど、何もできなかったから、これまでの森さんと甲田先生のご恩返しで、スポンサー我が社1社でやりましょう」おっしゃってくださいました。

甲田先生へのご恩返しでみんな映画に参加、協力していただきました。甲田先生がどれだけ皆さんに愛されていたかわかります。

甲田先生のことが映画になる。もしかして甲田先生が生きていたら、すごく遠慮して、やめると言うかもしれない。

甲田先生はテレビにたくさん出たことがありますけれども、映画には出ていませんでした。ご著書もたくさん書いておられますが、何でもかんでも出るという感じではありませんでした。

甲田先生は阪大を卒業した西洋医学の先生で、八尾《やお》市の診療所クラスの医院で断食の指導をしておられました。スタッフの人が療法の説明を1時間ぐらいするんですけれども、先生は難病の人のおなかをさわって診察して、数分ぐらいで体中の悪いところを全て診察されて、あなたにはこれが必要だ、これをやりなさいと、処方箋を出されます。超能力でおなかの悪いところとか、背中の悪いところを全部診られる上に、お医者さんが自由診療をして、超能力を使っていたら、1万円ぐらい診察費を取ってもいいかなと思うんですけれども、保険を使って300円。こうやってたくさんの方に指導するんです。しょっちゅう来なさいともおっしゃらなかったです。

日本中から患者さんが来られるのですが、少食の話から、栄養の話から、病気の話から、いっぱいしてくださいました。「あなたたちのやっている少食というのは、病気になって負け犬のように仕方なくやるのではなくて、すばらしく尊いことだよ。地球を救うんですよ。人間の霊性の向上につながるんですよ」という、勇気を与えてくれるようなお話をたくさんしてくださったんです。

こういう話をいっぱいしても先生は全然儲からないんですけれども、みんなが寂しくならないように、頑張れるようにお話をしてくれることが、皆さんが勇気を持って少食ができるもとになりました。皆さん、そんな先生に対する生き方接し方のお礼ということがずっと心の中に残っていて、映画への協力になっているんじゃないかなと思います。先生が亡くなってからそんなことをお知らせできる機会は全然ないだろうと思っていたので、この映画ができたら本当にいいなと思っていました。

私の『食べること、やめました』という本がマキノ出版から出て、その本を監督が手にされたのが映画の始まりなんですけれども、その本の担当の編集長さんは、甲田先生が生きていたころは、青汁1杯の森さんと言ってちょっと盛り上げてくれたけれども、先生が亡くなってからは森さんは忘れられた人になって、静かな人生になるんじゃないかと思っていたらしいんです。本が全然売れなくても、鍼灸をやっていれば私は生活が

できる。そんなに表立って「私が」、「私が」と言うタイプの人ではないから、宣伝もあまりしないで、静かに鍼灸をしている感じになるんじゃないかと思っていたそうです。映画に出たりして、次々にお話に呼ばれる人になるとはとても思えなかった。映画に出てから、講演するようになったのです。

映画「不食の時代」の撮影で甲田先生ゆかりの方々にインタビューさせていただいたのですが、皆さん、本当に感謝されているのです。普通の病院では助かる見込みがないと言われた人たちが、甲田先生のところへ行くと、「あんた、治るで」と自信を持って言われるわけです。

通常、病院に行くと、お医者さんは最悪のことを教えてくださいます。お医者さんとしては訴訟になると怖いから、まず最悪のことを言うのです。でも言われた方は、本当に落ち込んで治す力がなくなる人もいるのです。甲田先生は、そこを「治るで」とはっきり言う。しかも、ちゃんと最後まで見届けて命を救うことをされたので、関わった皆さんお1人お1人が心の底から感謝されています。甲田先生のお蔭で、生かしていただけている……と。取材を通してそのことをものすごく感じました。

もう1つは、患者さんを通じて、先生の面影とか香り、気骨とか、純粋さとかが伝わってくるのです。それが「不食の時代」という映画の1つの柱になりました。

今、実は映画「不食の時代」を海外に出すための準備作業をしています。改めて見直すと、逆に甲田先生ご本人がいらっしゃらなかったことで、先生のすばらしい部分を伝える映画になっていると思うのです。

甲田先生は、本当に人類を救おうとしていたんだなと思います。甲田先生が言われていたことを今、改めて読み直したり、勉強し直すと、1つ1つがもっともなのです。例えば肉食を半分にするだけで8億人が救えるということを、甲田先生は訴えかけていらっしゃいます。それは根拠がない話ではなくて、実際に牛から1ポンドの牛肉を得るためには、32人が食べるのと同じ位の餌が必要なのです。だから、肉食を減らすだけで相当数の飢餓が救える。牛を1頭育てるために、大量のトウモロコシや穀物が必要で、その耕地のために砂漠化も進んでいるわけです。放牧による環境破壊、その穀物をつくるために、牛肉1ポンドにつき32人分の穀物が使われる。トウモロコシに至っては全世界で6億トンつくられる中で、4億トンは家畜たちの餌なのです。餌のために砂漠化を進めて、環境を破壊しているのです。

結局、肉食だからなのです。我々は肉食を維持するために環境を破壊し、飢餓をつくっている。その構造に甲田光雄先生は気づかれていて、早くから「愛と慈悲の少食」ということをおっしゃっていた。我々自身が少食になって、肉食をやめる。せめて半分にするだけでもそれだけの人を救えるし、地球を救えるのだとおっしゃっていたのです。

それは本当にそのとおりだなと最近つくづく思っています。牛を育てるのに、化石燃料だってすごく使っているのです。アメリカの家庭が1年間食べる牛肉の量で想定すると、260ガロンの石油が使われています。それだけ地球温暖化にも加担しているのが、今の飽食のスタイルです。

そもそも我々はそんなに食べなくても十分やっていけるし、日本人は本当に粗食でした。1日2食でものすごい体力を得ていたわけですから、そういうふうに切りかえるだけでも地球の問題を解決できるし、日々の健康も改善できると改めて思ったのです。甲田先生の伝えたかったメッセージを森先生が実践されて、今ご自身がそういう生き方を見せていらっしゃる。

## 比嘉先生は、子どものころから農業が大好き

そのとき、私は比嘉先生のことを思い出したのです。愛ある行いや祈りは、量子レベルで影響を与えます。その量子に働きかける重力波が「愛」から出ているといわれています。比嘉先生は、微生物はその重力波を出しているとおっしゃっています。それと、先生は祈りも重力波だとおっしゃっているのです。だとしたら、見返りを求めない愛も重力波だと思うのです。我々が見返りを求めずに接することは見えない微生物にも影響しますし、現実の地球の問題にも影響しているのです。

きょうは、そのお話を伺いたかったのですが、まず先生の自己紹介からお願いします。

私は、小学校5年生のときから、農業がこの世の中で一番尊い仕事だと思っていて、今は確信を持って取り組んでいます。

子どものころから、作物を育てたり家畜の世話をしたりするのが好きで、「あなたは上手ですね」と褒められるとますます気分よくそれに打ち込むようになりました。その

うちに、植物や動物は大切にする気持ちで対応すればちゃんと話してくれる、レスポンスがあるという考えが、小学校2～3年生ぐらいに確立していました。

潜在的には多分、小学校1年生でできていたんじゃないかという気がします。というのは、学校のクラスの花壇コンクールがあると、私がいるクラスは必ず1番になるんです。朝早く行って水をかける。夕方帰るときにもう一度見る。時間があれば常に植物の機嫌を伺っていました。

学校も家に近かったので、夏の暑い時は帰宅した後にも気になると見に行く。植物を育てるのが好きであったし、そういうことが知らず知らずのうちに重なっていって、小学校5年生のときには、将来は自分で農業をするか農業の指導者になろうと決心をして、普通の高校に行って大学も行けると言われましたが、農業高校に行ったんです。

あのころは、あまりできのよくないのが農業高校へ行くという雰囲気の時代で、それは両極端でした。農村の中学からは、すごく優秀なのが農業高校へ行く。それに対し、都市部の学校からは、普通の高校になかなか通りそうもないのが行く。2極分離をした状態で、私は天命の如く農業高校へ行きました。

それまで祖父に家畜の世話を含め、あの映画に出てくるよりも何倍も厳しく鍛えられたのです。当時は、堆肥をつくることが生産力に直結していました。いい堆肥をつくって、いい作物をつくる。でも、これはただごとではないのです。たくさんの有機物、草を刈ってきて、積んで、それに堆肥の素といわれたバイエム酵素をまいて、海水をかけて、20～30トンの材料を切り返すんですから、大変な重労働です。集めてくるのも大変なんですが、これを畑に戻すのも大変です。また、それをすき込むのも大仕事です。でも、当時は化学肥料もないし、皆貧乏でしたから、結果的にそれをやらざるを得ない。

中学の後半になって、化学肥料とか農薬が出てきた。堆肥をつくらないでもこんなにうまく育つし、今まで頑張って害虫を手取りで駆除していたのに、農薬を使えばあっという間に害虫は死ぬわけですから、まるで親のかたきを討ったような感じです。いやー、すごいというので、化学肥料や農薬の勉強をすれば農業はうまくいくのではないかと思って、高校時代はそれに徹し、大学もそうでした。

農業の重労働は大変で、延々と続くのです。そのため、農業がもっと楽にできる方法はないか。大学に行って、先生方にいろいろ聞いても、頑張れと言うだけで本質的な解決は見えませんでした。

私は農業高校から大学に行っていますから、全て独学です。十代の半ばから全て独学でやる習慣が身についたのです。農業高校は大学受験に関しては普通高校に比べ大きなハンディキャップがあります。そのため、自分は頭が悪い、できが悪いという一種の学問コンプレックス、理論コンプレックスに陥って、普通高校出のよくできる人が何か言うと、シュンと黙って聞いているというスタイルが大学では当たり前だったのです。

大学院での実際の実験が始まったときに、いろいろ文献を調べるのですが、私はほとんど理解できませんでした。頭のいい人は全部覚えてタッタッタッと実験を設定するんですが、設定された実験の内容を見ていると、これで論文ができるの？　こういう論文の結果が本当に農業に使えるの？　と心配するのが大部分なんです。

それに対し、実験生態学とか、植物生理学とか、私にとって大変おもしろい本があって、「この本はおもしろい」というと、他の院生は「何でこんな難しい本がおもしろいんだ」と言う。けれども、彼らが読んで、すごいと言って、ワンワン論議を交わしている論文には置いてけぼりを食らうわけです。私の実体験から、その内容は理解できない。

私が理解できる本は、現場に即した、実体験の積み上がった生態学的な世界なんです。お互いにみんな関連がありますから、そっちのほうがおもしろい。普通の実験は二元論みたいな世界です。

私がおもしろいという本は、彼らには難しくて、彼らがいいという論文には私は全く手も足も出ない。けれども、実際の実験で、皆さんが扱っている現実を見ると、幽霊の正体を見てしまったのです。こんなレベルの学問では、どんなに努力しても農業の本質は解決できない。それから私は、私が読んでわかる本はいい本で、私が読んでわからない本は悪い本だと決めつけるようにしました。そして、誰の言うことも聞かなくなったのです（笑）。

農業がよくなるなら、いかなる犠牲も払うという決心でこの道を選び、化学肥料、農薬の活用に徹し続けていたのです。でも微生物も農業に役立ちそうだ、これはいい資材ですよと言われると、集めて検証もしていました。要するに、堆肥を使わないで、微生物だけをふやしたらうまくいくかも知れないという子どもの頃からの原体験も意識していました。それがミカンの研究でたまたま光合成細菌に出会ったいきさつです。

沖縄は亜熱帯です。亜熱帯は温帯のものも熱帯のものもできますが、みんな中途半端。その上、両方の病害虫は必ず出るという非常に厄介な場所で、しかも、沖縄は北のほうは強烈な酸性の赤土のひどいやせた土壌、南は強烈なアルカリで重粘土。台風があるかと思ったら、干ばつも続くし、農業の全てのハンディキャップを持っている。だけど、たまに、台風が来ない、雨も適度に降るというのが2年ぐらい続くと、果物もたわわになるし、すごいんですね。そうすると、沖縄の農業の可能性はすごいんだと思ってしまうんですが、これはつかの間の夢で、こういうチャンスは20年に1遍ぐらいしかありません。

今はEM技術で全て解決し、2014年以降、特に今年は私が60年以上農業にかかわって初めて、これで納得ということが起こっているのです。この件については後で詳しく説明します。

沖縄農業のハンディキャップを克服するには、化学肥料や農薬を徹底してやらないと絶対に立ち行かないという決心で、自分が率先して現場でやっていました。革新的なことも随分やりました。沖縄のミカンやアセロラやランが産業になったり、ハウスパインを推進したり、ハウス栽培の必然性を証明し、農作物の空輸や企業的な形を取り入れたり、先端的な分野をリードしたのですが、結果は、映画に出てくるように、自分が慢性的なひどい農薬中毒症になってしまったのです。スポーツの障害とか、交通事故のむち打ち症とか、足を電車とホームの間に挟まれて、複雑骨折でひどい状態になったことも重なって、最後は脊椎も曲がって、心身症みたいにもなってしまったのです。

何かやろうと思う気持ちはあるのに進まない。アルコールを飲むと麻痺しますから、本来の大言壮語《たいげんそうご》に戻るんですが、醒めてみると現実は全身がしびれ、痛くて大変だ。これは何とかしなければと思っていました。九州大学との関係もあり、福岡に行き来していて、福岡の病院で診てもらったら、これはひどい、50歳まで生きることは無理だと言われたんです。交通事故の後遺症もあるし、農薬の慢性中毒的症状で、例えば鍼《はり》を刺しますと、刺されたところから農薬のにおいが噴き出るのです。こんなひどい状態でした。必死で頑張ったのですが、このままでは未来はない。一種の敗北感を味わったわけです。

## 2000種の微生物から有用微生物を選び抜く

でも、私自身はすごく楽天的な性格で、何とかなるという考えと、もう1つは、サイエンティストとしての信念があるんです。うぬぼれみたいなものですが、自然の中には人間が考えることは全てある。ただ、それを見つけ出していないだけだ。人間も自然の一環ですから、どんなすごいことを考えても、この原理はすべて自然の中にある。自然の本当の姿を想定しながら、いろいろ探していけば、必ずそれを見つけることができる。要するに、科学に対する過信、信念みたいなものがあったんです。

これまでは、化学肥料、農薬を使って近道をして、人間の戦略がうまくいくと考えただけで、そうでない方法を本気で研究していないわけですから、その方向を極めればと思うようになっていました。経験上、農薬を使わざるを得ないときは、必ず悪い微生物が出現し、その悪い微生物がふえると、病害虫が一斉に発生するという事実は知っていましたから、結果論的に微生物を活用する方向に進んだのです。

そのころには、微生物資材もポツポツ出始めていたんですが、1種類1種類の農薬的な感覚でチェックするんですから、当たり外れの落差が大きいんです。

とにかく、うまくいかないときは腐葉土のある山の土を持ってきて、水に溶いてかけると、病気が消えたり、パッとよくなるんです。

菊の名人が、山の腐葉土をとってきて、これを種にしながら堆肥をつくっていることも知っていました。メロンの名人も、他所でうまくいっている土で堆肥をつくっていました。皆同じことをするんです。私はそのことは全部知っていましたので、それならいい微生物をたくさん入れれば何とかなるだろうと、今のEMの結論に最初に到達していたんです。

これでは、論文にならず研究業績にもならないという覚悟が必要です。いいと思われる微生物を2000種ぐらい集めました。手に入らないのは、微生物銀行に登録されているものを買う。1種類の微生物でも何百と登録されているので、どれを選ぶかというのもまた大変なんです。1種類1000円だといっても何百もあるんですから、遺伝子分析でパッと出てきた最新のものは全部無視して、昔からあって、今もなお使われているのに絞っていったら、お金もかからない。それがいい意味で的中したのです。

そうして2000種集めたんですけが、従来の学問のルールに従うと、有効性をジャッジするのは2~3年かかるのです。1種類3年で2000なら、6000年研究しないと(笑)。こんなマンガみたいなことはやりたくない。自然は全てが複雑な生態的な相互関係で成り立っているので、単純な試験では説明ができないという潜在的認識がある。でも、それを個々に分けて因果関係を明らかにしなければ論文にはならない。

例えば、堆肥がすごく早くできる微生物があるんですが、これは放線菌の仲間でほとんどが下痢菌の類です。私自身にそれが間違って口から入ってしまって、結果的に何カ月も下痢がとまらなくなったことがありました。潰瘍性大腸炎みたいな状態になったり、アレルギーがとまらない。これは農薬の中毒よりも恐ろしい話で、間違ったら死んでしまうかもしれない。しかも、相手は目に見えない。いくらいいと思って出しても、農家の人に犠牲が出たらおしまいです。だから、安全性のチェックに念を入れるようになったのです。

2000種の安全性のチェック、これも従来のルールに従うと気の遠くなるような話ですが、私流に始めました。でも、現場的に見れば、沖縄の小川には熱帯魚のグッピーがたくさんいました。そのグッピーを容器に入れて微生物を垂らすわけです。そうすると、悪い微生物を入れた場合には、次の日にグッピーは全部浮いています。ひどいのは1時間後にはすべてが浮くということもありました。

その前に、金魚とかいろいろやったんです。しかし、大量のチェックはなかなか大変なのでグッピーでやったのですが、今はすごく簡単です。ミジンコを使えばどんな微生物でも大体1時間でチェックできるんです。最終的に、ミジンコでやればいいということが結論になったのです。

これはEMの汚水浄化の効果を調べているときに、ミジンコが大量に発生したのがきっかけです。その後、学生の指導には、この方法を使って、すごく省エネ的に片づけていったんです。

もう1つは、臭いです。自分がいろいろ被害に遭った微生物を考えると、妙に脳みそに焼きつく嫌な臭いがあるんです。この経験は、後にいろんなところで役に立ちました。遺跡とか、ジャングルとかスラムへ入っていくときに、この臭いがしたら危険というのはすぐわかるわけです。みんなそれを知らずに吸って、肺にかびが生えるような微生物を吸い込んだりするのです。最後は、顕微鏡を見ないでも、ここにはこんなのがいるというのがおおよそ感知できるようになって、そのことが微生物をセレクションするのにすごく役に立ったのです。

要するに不快な臭いで、トゲトゲのイガイガというイメージが頭に浮かんでくるんです。そのようなことから、どんなにいい微生物と言われても、臭いに特殊な癖があるものはダメ。なれていないにおいの場合に、くさいとか、いろいろ言いますが、それは慣れてくると、いい臭いに変わる場合は良としました。

例えばクサヤの臭いはとても大変ですが、あれはアミノ酸がつくったにおいで、後はだんだん病みつきになります。ドリアンも同じです。あの発酵臭がだんだん病みつきになって、最後は嫁さんを質に入れてでもドリアンを食べるといわれるぐらいになるのです。

悪い臭いといっても、納豆の臭いを嫌っていながら、だんだんなれてくると、あれがいいと言う。それはいい微生物なのです。あまりに強すぎるために拒否反応を起こすわけです。

　そういうことで、においによる判別と生物を使ってのチェック。あとは、シャーレに種をまき微生物の液をスプレーします。悪い微生物だと、新芽が出ずに、芽が出ると全部赤茶けて、さびて枯れる。すなわち強烈な酸化作用をチェックする方法も使いました。

　自然界からのトラップもいろいろやりました。例えば、自然の中のペニシリウム菌を引き出したいなら、鰹節を薄く削って載せておけばそれが集まる。おにぎりの中にみそとかいろいろ入れてトラップする。そこの中に特異な斑点ができます。牛乳をちょっとかぶせると乳酸菌が集まってくるとか、要するに、トラップ、釣り上げる方法もいつの間にか会得してしまいました。そのため、どこの国へ行っても日本の菌を持ち込まずに、そこの町に売っている農作物や食品を探して、トラップしたものを持ち帰って、ふやしてチェックする。ですから、しち面倒くさい道具は要らないわけで、全て素手で調製できるようになったのです。

## 抗酸化作用という言葉もEMから

そうすると、いい微生物の共通点がだんだんわかってきました。悪臭があるのを除くというのは初歩レベルで、中には持っていると何となく安心感がある。更には気分が良い、すなわち快適というか、ああ……という状態があらわれてくるのです。それに水を加え瓶に入れて鉄くぎなんか入れると、悪いものは真っ赤になるか、真っ黒になって悪臭を発します。いい微生物は全く変化しない。さびない。

前者は酸化・還元反応で、後者は酸化・抗酸化反応なのです。要するに、相手の電子を奪い取って変わっていくラジカル反応に対し、電子を与えるという反応の他に、触媒的にエネルギーを与えるという全然別のプロセスで起こっているのです。

当時の化学の知識は酸化・還元という考えが主流で、この現象の説明が困難でした。結果的にエネルギーが関与する触媒現象で、酸化・抗酸化というプロセスがあることに気がついて、最初の本『地球を救う大変革』で「抗酸化」という言葉を使いました。

この本はベストセラーとなったため、日本中に「抗酸化」という言葉を広めたのは私なんですが、そのころ、抗酸化というと、酸化・還元の間違いではないか、比嘉は化学を知らないからそんなことを言っていると言われたのです。でも、この酸化・抗酸化の概念が、さっき白鳥さんが言われた重力波ではないかと思われるところにつながっていったのです。

もう1つは、EMでいろいろ材料をつくっているうちに、今のEM飲料とかEMセラミックスに辿り着いたのですが、すべて強烈な抗酸化機能を持っています。同時に、電気を帯びさせないという性質も起こる。ですから、使い方によっては、静電気の感電も起こらない。電気の整流機能がすごく高くなるのです。例えば窓ガラスには電気を帯びて汚れがつきますが、EMで拭くと静電気が消えますので窓ガラスは1年たっても汚れない。衣類の汚れの大半は電気を帯びていますから、洗濯にEMを使うと泡も立たないのに汚れがよく落ちる。もちろん汚れには酸化物と還元物があるのですが、酸化物は簡単に落ちる。空気中の微粒子も電気を失うため、すぐに消えてしまいます。

そういうEMの持つ性質をいろんなところで、作物にも試しますが、場合によっては自分が飲むとか、水槽に入れて魚にやるとか、可能な限り広い分野で使い、状況証拠を山ほど集めるようにしたのです。

普通の人は、なかなかそこには思いが至らないです。私は農業が好きで、ずっと生物を扱っていますから、ある反応が出たときは、理論的にはどうであれ、私流のチェックをして状況証拠を際限なくつくっています。

みんな私を見ると、根拠のない自信に満ちあふれているやつだと言いますが、私は山ほど状況証拠を持っているので、自信満々なんです。ただ、相手がそういうことを理解していないだけです。私が何か言い始めたときは、もう状況証拠で外堀は全部埋まっているときなんです。けれども、聞く人はいきなり突拍子もない話を聞かされますから、そんなバカな、宗教がかっていると言われているんです。

福島の放射能対策の関係から白鳥さんとの出会いがあって、彼の映画「祈り」を見た。私は、熱海の世界救世教の自然農法の指導を30年以上も続けています。そこでの浄霊は、量子力学的世界像を持っています。はるか先祖のＤＮＡまで清めないと、今の遺伝子もちゃんとしないという奥の深いもので、要するに、白鳥さんが「祈り」で言われたことと全く共通しているのです。

ＥＭを多方面で使い続けると、それと全く同じ現象が起きてきます。例えば浄霊で悪いものが浄化されて消える前に、ひどい熱を出したりする現象が起こります。

ＥＭ飲料等々を使うと、浄霊をやるのと全く同じ現象が起こる。気で治療するときでもそうですが、すべてに浄化の共通点があるんだなと思うようになりました。ただ、量子力学の世界は、意識が最上位にありますので、気や浄霊とＥＭは競合関係にあるのではなく、意識を高めた人間がＥＭを使うとその力は無限大に広がるということになります。

世界救世教の岡田教祖は、自然即神と言っている。この教団は地上天国建設集団であって、伝統的な宗教団体とは違うと言っている人ですから、当然、私の考えと合致します。当人はすでに亡くなられていますが、その教えはたくさん残っていて、それをチェックし御教えに反しないように注意しながら、自然農法を指導しているうちに、だんだんわかってきたのです。

今では、世界中で自然農法の原理を指導しています。そのため、世界規模で情報が入ってくるのです。これは今のサイエンスでは説明できないものも多く、起こったことは全て事実なんです。それを全部認めて、その共通点を探していったら、結局、ものを酸化させない、腐らせないという抗酸化作用が明確になったのです。これは医学的にも今は公認で、「抗酸化があるからこの材料は効果があります」と言うと、薬事法違反になるのです。私がEM飲料を出したころは、それは斬新的な話だから薬事法違反にはならなかったのですが、赤ワインの中にポリフェノールがあるとか、薬用植物に抗酸化物質があるとかいう話がだんだん一般化してきて、抗酸化という言葉が使えなくなったのです。そのうちに、静電気が消えることもわかり様々な現象に気付きました。結果論的に電気が非常にうまく節電できる技術も確立しました。要するに、EMをやっていると、実験室の電気も明るくなる。普通の人は気づきません。でも、私は外にも結構出ていますから、戻ってくると、行く前と違うという感じです。結局、勘違いでもいいから、いいことが起こったらみんなEMのせいにしよう、そしてそれをチェックしようと思って、態度を変えたんです。そうしたら、どんどん見つかってきた。

冬、静電気でバチッというノブに、EMを吹きつけて、乾かすとすごくおとなしくなるとか、いろんなことがわかってきた。イオンは電気を帯びて、電気を運ぶ状態なのですが、電気の塊みたいになっているときにさわるとバチンというわけです。その塊が整流されて、電気が抵抗なしに流れる状態になったときはバチンといわない。要するに、電気をためた危険な状態になっていたのが、整流され安全化するのです。植物にその技術を使うと、紫外線とか空間のエネルギーが使える電子に変わるため植物の成長が大幅にプラスされます。汚染物はすべてプロトンに帯電していますが、ＥＭはそれに電子を供与し無害化しているのです。この２つはサイエンティフィックに理解してもらえるようにはなったのです。

生命
エントロピー
コヒレント
(何んにでも変わる)

Part 5

# ＥＭで放射能が消える仕組み

## シントロピー【蘇生】の法則――EMによる国づくり

有害なエネルギー、電磁波や紫外線もいいエネルギーに転換する。究極的に言えば、ＥＭをまいたら、すでに説明したように放射能が消えるのです。放射能を無害化するどころか、それが逆にパワフルなエネルギーとなって作物の生育を促進しているのです。

これはベラルーシにかかわり合う前の、１９９４～５年ごろ気がついたことなんです。広島の被爆者がＥＭ飲料を飲むと、被爆前の若いころのすがすがしい状態になったという報告が、放射能に興味を持ち出したきっかけなんです。

たまたま『地球を救う大変革』の原案で放射能のことを書いたら、編集で全部消されてしまいました。幸いにも１カ所だけ「放射能」を防ぐというところを編集者が見逃したところがあって、そのまま出てしまったのです。そうしたら、チェルノブイリの被災地に協力している野呂（美加）さんという北海道のボランティアの方が、ベラルーシの子どもたちの放射能被害を何とか救えないかと考えているときに、御主人が私の本を見たのです。それを奥さんに連絡して、野呂さんから私に手紙が来たのです。私は「可能性はあります。広島の状況証拠がある」と答えました。日本画家の平山（郁夫）先生もひどい原爆症で、冬は集中治療室に入ることが多かったのですが、EM飲料で随分よくなって、東京芸大の学長に再復帰されました。だから、日本経済新聞での私との対談で平山先生は、「比嘉先生は私の命の恩人です」と話されています。

これは、従来のサイエンスの常識ではあり得ないことですから、もう論争はやめよう、困っている人を助ければいいんだからと思い、チェルノブイリの子どもたちが日本で療養しているときにEM飲料を送りました。そうすると、帰国して測定した結果、内部被曝が極端に少なくなり、再被曝もなかなか起こらないということもわかったのですが、発表しても誰も信用してくれませんでした。

そのほかにも、世界中にEMは広がって、畜産や汚水処理、化学物質汚染地帯でもEMが使われたのです。不思議なことにダイオキシンが消えたり、有害な化学物質や重金属が極端に消えるのです。消えるという表現が許せないと専門家は言いますが、容器の中でも消えるのです。今イタリアでも、ダイオキシンやいろいろな有害物の対策に試験的にＥＭが使われ始めています。ダイオキシンはもとより、有害な銅の酸化物とか、亜鉛の酸化物とか、ヒ素などの金属が消えているということで、イタリアの学者が頭を抱えています。原子転換という考えは科学の世界ではタブーですから。でも私は、それは当然起こってしかるべきと思っています。

放射能でも、現場の皆さんがその効果を確認しても、上のほうでは、従来のサイエンスのルールで判断するのです。その罠にひっかかったら、どんなにいい発見も消えてしまいます。私は、自然児的なところがありますから、そのような罠には絶対はまらない。自分はきちっとやっているのに、相手の論理にはまって、これは間違いと言われるとなると、これをはるかに超えたもう1つのセオリーがあってしかるべきと考え、従来のルールの中では論議はしないことにしています。問題の解決ができないのは未完成のレベルなんです。

医学にあれだけ予算を投じても病人はふえる一方です。これを1つとってみても、従来の方法はいかに非力であり、未完成なものか。原子力発電はもとより、化学肥料と農薬で食料の問題を解決しようと進めた結果、環境を破壊し、人間の健康を害し、他の生物を絶滅に追い込んでいます。これをサイエンスと言っているならおかしい話です。

そのような原点を考える教育が消えてしまったのです。お金儲けと重箱の隅をつつくようなルールにはめられて、それよりすごいことを知っている人は全部排除された。ヒカルランドから本を出しているスピリチュアルな人たちも、みんなルールから外れているからはじき飛ばされている。実際は、自然は人知が及ばない。はるかにすごい存在であり、それを容認して、何が出てもオーケーでないとサイエンスは発展しないし、真理には近づきません。

私は、福島の事故の直後から、これまでのいろんな経験や過去に書いたものを全部DNDとかエコピュア等のWEBマガジンのコラムに出しましたが、なかなか動かないものだから、『シントロピー【蘇生】の法則―EMによる国づくり』という本を自費出版的につくって、これを全国会議員にも配りました。方法論も全部明記していても、反応は全くゼロ。人にやってもらうというのは、しょせんは他人がやるわけですから、知っている本人が直接対処するしかないと考えるようになりました。

## EM団子を投げ続けて続々と蘇った河川たち

そう思って福島プロジェクトをやっているときに、白鳥さんが私の『シントロピー【蘇生】の法則―EMによる国づくり』を読んだ。船井さんの息子さんの勝仁さんが白鳥さんを高く評価しており、いろんなところに書いているのを読んでいました。担当している芝君からも「この話は受けたほうがいいですよ」と言われて、白鳥さんに会ったわけです。本人は「自分で言うのもなんだけれども、自分は正直な男だ」と言っていましたが、まさにそのとおりでした。

これはただ微生物を集めたからできる世界ではなくて、EMという軸があっての話で、いろいろ言っている人も、全部EMからの派生なのです。初めは、こっちが本家という天一坊みたいなものがいっぱい出てきますが、何年もたてば、最後は正しくきちっとしたものしか残らないと宣言して続けてきました。今残っているのは我々の運動だけです。

我々は、東京湾をきれいにして、人が泳げるまでに浄化しました。5月の連休の東京湾の潮干狩りは今では風物詩となっています。みんな湾が自然に勝手にきれいになったと思っています。多摩川のアユが一千万匹も上がったのも、あれは「何年後に大量のアユが遡上します」とちゃんと書いて公表しています。多摩川だけでなく東京湾に接する河川はすべて同じ状況です。

実は今日、外堀のカナルカフェへ行ってきたのです。あそこもＥＭ（有用微生物群）で浄化して、ホタルが戻ってきているのです。それもみんな２００９年からボランティアの人たちがＥＭ団子を投入したおかげで、生き物たちもふえていますし、とにかく悪臭がしなくなっているのですよ。

夏になると、神田川の東京医科歯科大学のあの辺とか、苦情が大変だったわけですよ。あれがピタッととまったでしょう。

臭いもなくなって生き物たちもふえました。ホタルはきれいなところでないと生息できない生き物ですからね。あと、日本橋川に関してはサケだけでなく、イワナの目撃事例もありますね。

日本橋川沿いのお店は、川沿いに窓をあけて、ベランダもつくるようになった。前は

全部閉めていた。日本橋川はとても汚くて、船も回遊できなかったんです。今は遊覧船がちゃんと通るようになりました。この件についてはＥＭボランティアも立ち会っています。

それはまさしくＥＭのおかげなのです。これらの活動は代々、ボランティアの方たちがやっていて、日本橋川でやっているＥＭの発酵液の投入量はすごいのです。毎週10トン。毎週木曜日に投入しているのですが、それも東京の人じゃないのですよ。今の方は3代目ですが、常総市から来ているので、1時間以上かけてくるわけです。その前までは、名古屋の人たちが来て日本橋川をきれいにするためにやっていた。そのおかげで見事に生き物たちもふえているし、その勢いが東京湾まで行っている。あと、多摩川でも江戸川でもやっている。

この事実をほとんどの人が知らないのですね。知らないだけでなく、勝手に川がきれいになったとみんな言っているのです。本当におかしな話ですが、マスコミはこういう話を一切しません。放送局によっては、「ＥＭ」という言葉そのものを使ってはいけないのです。

放射能をなくす技術は数多くありますが、震災後6年間、継続して浄化活動し続けているのはEMのボランティアの人たちだけなのです。比嘉先生が20年ぐらい前から、見返りを求めないボランティアということでやり始めて、それが形になっていきているのです。それがまさしく福島で今、実ろうとし始めていますが、その事実もほとんどの人は知らない。この事実を話した途端に誰も聞いてくれなくなるのです（笑）。比嘉先生の見返りを求めないボランティア精神は、これからの人類の本当に見本だと思います。相手に一切見返りを求めないのは、まさしく愛です。この行為そのものが重力波を持っていると私は思います。意識が高くなりますから、波動が高くなるので発酵がよくなっていきます。EMの発酵液をつくる人たちは、本当に神様を扱うようにやるので、無心なのです。エゴがない。疑いがないので、微生物たちはそれをちゃんと受けとめる。微生物は人間の心を100％見抜きます。それを比嘉先生はよくおわかりで、実行に移されているのです。

EMのボランティア組織で活動されているのは定年退職後の人たちが多く、特にUネットは高齢のおじい様、おばあ様方が川をきれいにするために活動されています。頭の下がる思いがします。

２０１５年9月に起きた常総市の水害のときも、初期段階に駆けつけたのは、このご高齢の皆さんです。浄化活動により悪臭問題、病原菌問題を見事に解決されていました。

このＥＭの浄化活動は国内だけではなくて、海外についても言えることで、私は、映画「蘇生」の海外取材の際、本当に無償の気持ちで活動されていること、その精神が根づいていることを目《ま》の当たりにしました。

このことを知ってもらわないと。特に日本人が知らないといけないと思うのです。日本人は、本来はそういう精神を持っており、惻隠《そくいん》の心を大切にしていました。困っている人を見たら助けようという気持ちです。

その点で森先生とすごく一致団結して、２０１６年7月の「愛と微生物」のイベント開催のきっかけになったのですが、今、日本は、あたかも福島の問題はないかのような風潮に全国レベルで向かっているように感じます。２０１６年6月30日、環境省は1キロ当たり８０００ベクレル以下の除染廃棄物を公共事業に使う方針を明らかにしています。これは全国に放射性物質をばらまく結果になります。でも、それについて誰も何も異を唱えないし、それが普通に受け入れられてしまっている。

そんな中、福島の浜通り、東北近辺を中心に55カ所、ＥＭのボランティアの人たちが地道に結果を残しています。

この活動には、科学的データも積みあがっています。まさしく科学的にＥＭによって放射能が消失するということは、ベラルーシの研究事例を見れば明らかに言えることですが、マスコミや科学者は、その事実を認めないのですよね。

科学史家トーマス・クーンが言っているようにパラダイムシフトが起きるときはいつも真っ先に否定するのは科学者集団だと言われているぐらいに、既成概念に囚われて否定的思考を持ちやすいのが科学者の方たちです。その人たちが認めないと、お医者さんも認めない。

そうすると、それに従わざるを得ない国民は健康を害して、地球環境もどんどん劣化の方向に向かっていることに気づけない。

２０１１年の福島第一原発の事故以降、海洋生物の異常が多く目撃されるようになってきています。年々、異常が多くなっているのですが、例えば２０１６年５月には、南米チリで正体不明の軟体動物が、数百万匹打ち上げられています。6月にはメキシコのバハ・カリフォルニア・スル州にあるセラルボ島の海岸に、角や毛のようなものを持っている海洋生物とおぼしき何なのかわからないものが打ち上げられました。

また、2016年3月には、メキシコの海岸で4メートルの正体不明の海洋生物が打ち上げられました。タイのプーケットの海岸には、カタツムリなのかクラゲなのかわからない生物が大量に打ち上げられています。イギリスのケント州の海岸には、「恐竜のような」骨格の、半ば白骨化しているように見受けられる何らかの動物の亡骸《なきがら》が打ち上げられました。海外のメディアを調べると、2011年の原発事故以降、異常生命は間違いなく増えているのがわかります。

染色体異常も起きています。生き物たちの底辺が異常になってきているのです。酸化現象が強烈になってきているので、DNAが損傷しているのですね。その現象が起きているにもかかわらず、放射能との因果関係がわからないから、地球がおかしくなったとしか言えないのです。大量の命がこれだけ崩壊に向かっているのに。

そのことについて、誰もが事実に目を塞いでいます。放射能の事実にも目を塞いでいる。福島の原発事故以降の放射能の問題が良い例です。放射能の害について、肯定する人としない人で意見が分かれています。免疫の個人差もあり、逆に放射能がよかったりするケースやホルミシス効果もあるため、余計にわからなくなってしまっているんですね。そういう意味で、科学者も医者も曖昧になってしまっているのをいいことに、政府も国も何も手を打たないでいる。

そんな中、比嘉先生率いるEMのボランティア活動は、連携し合い浄化し続けていて、地域をイヤシロチ化しているのです。

2016年4月、私はこの50数カ所のボランティアの方々を取材させていただき驚きの事実を知りました。原発立地区域から20キロ圏内にあった田村市は、震災直後、避難区域だったので、通常は避難しなくてはいけない場所でしたが、先程お話をした田村市の今泉さんは「自分は残る」と避難しなかったのです。何で「残る」と言い張ったかというと、近隣のご友人がいる大熊町は、空間線量27マイクロシーベルトあったのに、EMの発酵した土のところだけ7マイクロに下がっていることを知ったからです。間違いなくEMによって放射能が軽減、消失していることを目の前で知っていたので、自分は残ってここでやると決断したのです。

今泉さんたちは、実際に自宅に40台（約40トン）のEM活性液を比嘉先生たちの協力により用意し、自宅だけでなく、その区域全体にまいた。それをこの5年間やり続けていらっしゃいます。

そうしたら放射能は下がるし、土はふかふかになってくるし、モリアオガエルが戻ってきたのです。モリアオガエルはきれいな環境でないと生きられない絶滅危惧種です。

何故蘇るかというと、EMは微生物の中の底辺ですから、蘇生型の微生物が多くなってくれば、当然腐敗、酸化現象が抗酸化されていくわけです。そうすると、蘇生型の生き物たちが増えてきて、もちろん環境もよくなるし、蘇生される。しかも、放射能が逆に微生物たちのエネルギーになりますから。プラスの方向になるんです。それを比嘉先生は早くから知っていらしたのです。本当にすごいなと思いました。

# Part 6

# 微生物と量子力学をつなぐと見えてくる

## ボランティアの道を選んだ理由

先ほど先生は控えめにおっしゃっていましたけれど、先生は早くから「抗酸化」のことを言われています。

また2～3年前から先生は「重力波」のことも言い出されています。EMは重力波であり、見えないエネルギー、第3のエネルギーである、と。電気を整流化してマイナスのエネルギーをプラスにさせることについて注目していらっしゃるのです。

世間でも2015年ぐらいから重力波のことが出始めてきているので、私もそのうちに「重力波」は当たり前になるのだろうなと見ていますが、比嘉先生は、祈りは重力波だという話もされており、そのとおりだろうなと思っています。

確かに放射性物質にお祈りをして計測すると、ガイガーカウンターは下がるのです。実際に放射性セシウムに対してみんなでお祈りをする実験で、線量が下がったデータがあります。ただ、それは祈り続けないと1回きりになってしまいますから、継続が必要です。意識を継続的に向け続ける。思いが伝わる。そういう意味で、ボランティアの方たちが見返りを求めずに愛を持って接している行為は、微生物に伝わっていき、地球環境をも変えていく。微生物や地球に対する愛ある行動が地球環境も良くしていくのです。

## ＥＭは重力波、その重力波が地震を軽減させる⁉

微生物が出す重力波が伝わると、量子の働きにも影響していきます。地震も波動なので軽減化させることができると思うのです。実際に比嘉先生たちが活動されて東京で10年以上ＥＭを流し続けていますから、東京自体が地震に強くなってきていると思うのです。２０１１年の震災のとき、千葉県であれだけ液状化が起きているのに、東京とか川崎は液状化が起きませんでした。比嘉先生はこれについてどのようにお考えでしょうか。

日本橋川でＥＭ活性液を毎週10トン流しています。それが東京港へ出ますが、隅田川の流れに乗って、浜松町から芝浦運河を通って、呑川《のみかわ》、要するに、羽田の整備場のところから多摩川の入り口に流れるのと、空港側から回って東京湾に広がるものがあります。

荒川に遮られて千葉の方向までEMが広がっていないときに、2011年の地震が起こりました。その当時のEMの大部分は、川崎、横浜のほうに流れていたのです。そのため、その地域はEMの整流作用が機能し、液状化現象は1件も起こらなかったし、揺れもそんなにひどくなかったのです。だけど、EMの届いていなかった荒川から千葉寄りはひどい状態。あるいは、新宿とか東京の奥の方は揺れもひどくて大変だったのです。EMが流れ着いていたところは重力波で整流されて、地震の被害が極端に少なくなったと確信しています。

私は、Oリングを含めて、いろいろな方法で量子もつれのチェックをしますが、今の羽田空港のエネルギーレベルは特に高く、それが川崎工業地帯、横浜を通って三浦半島から外湾まで届いています。東京湾の予期せぬ嬉しい異変が、近年、度々特集されるのは、その結果です。私がなぜこういう運動を始めたかというと、現地で成果も出し、学会で発表してもほとんど無視、無反応だからです。ケチがつく論争ばかりでキリがないので、自己責任で現場へおろすことにしたのです。

私はこの世で、農業が一番尊い仕事だと確信していますが、その本質は、農業をする人がその仕事を通し健康になり、経済的にも豊かになる。その上、農業の生産活動を通して環境を守り、生態系をよくし、生物多様性を守る。その生産物が人々の健康を守るという大乗的なものです。これまでの農業は森林を破壊し、土壌を反転し、表土を流し地力を低下させ、その上に、毒物である大量の化学肥料や農薬を使い、人間を含め、すべての生物の自滅を加速しています。微生物を上手に使えば糞尿はもとより、発生する有機物を循環させるだけで、太陽のエネルギーさえあれば、何も外から入れなくてもうまくいくのです。労力的に、また衛生的に問題のあった昔の有機農業とは根本的に違う手法です。そうすると、食料や環境問題も解決し、病気も激減するのです。このような仕組みができると、国は安泰なので、お金もかかりません。これを広げようと決心し、たくさんの政治家や行政関係者に働きかけたのですが、やっぱりそのときだけの話なんです。それどころか、逆に、私がそういう提案をすると反対意見の学者を立て、日本土壌肥料学会のように反ＥＭグループからお金をもらい、学会の総意としてＥＭを否定し、それをわざわざ農水省の記者室で発表したのです。

世の中をよくしたいという思いで新技術を証明しても、そんな話ですから、世の中を変えることは容易ではありません。今の民主主義の世の中では正義を抹殺する自由もあり、最後は選挙に勝つか、逆に革命を起こすしかないんですね。そんな力はないし、いろいろ考えて、第3の道を選ぶべきだと考えるようになりました。

その第3の道とは見返りを求めないボランティアです。しかも、そのボランティア活動を通し、今の行政や政治がやっているよりもはるかにすごい成果を出して、見返りを求めない。その活動を通して、ボランティアの資質を高め人生を豊かにする。そうすれば、行政は我々に従わざるを得ない。

東京湾は我々が豊かにきれいにしたという活動経過は順次公開してきましたから、誰も否定はできません。英虞湾や名古屋の堀川、大阪の道頓堀や三河湾もそうしました。今は伊勢湾や諏訪湖や琵琶湖にもその活動を広げています。岡山の児島湖も、難しいといわれたところに全部EMでお手伝いして、どんどんきれいにし始めています。陸奥湾や有明海や瀬戸内海もかなり回復しました。東京湾が勝手にきれいになったという声が聞こえないように、全国津々浦々にモデルを作っています。

このボランティア組織は、22年前に発足した地球環境共生ネットワークです。今は認定NPOとなり、立派な社会的戸籍を持っています。会員は、定年で仕事が終わった人が中心で、これまでの自分の人生経験を活かしながら、健康になり、死ぬまで世の中の役に立って、えんま様の前をフリーパスで通れるような人生を締めくくろうという目的を持った楽しい団体です。60歳以上、定年でやめた人を仲間に入れる。健康で自分の人生を楽しみながら、現役時代に出来なかったボランティア活動を通し望ましい国づくりにチャレンジしよう。どうせ年金でメシも食えるんだろうから、時間を持て余し、毎日が日曜日で従来の延長ではおもしろくないし、EMの力で未来を拓こう等々、みんな喜んで参画しています。今、直接的には1000人ちょっとの数なんですが、間接的には50万人近い人たちが関与しています。

このNPOの象徴的な統一行動として、海の日に日本中でEM団子を100万個、EM活性液を1000トンの投入を目標にしています。これは三河湾をきれいにするぐらいの量なんです。この活動は、2008年から始まり、2010年から全国に広がっていますので、いろんなところの海や川や湖沼がきれいになってきました。

いかなる革新的な技術でも、世の科学者が認め、社会が公認しない限り、少しでもケチがつくと、行政には絶対に通らない仕組みになっているのです。ＥＭを始めてから、果てしもない既得権益と既成概念との闘いがこの35年以上も続いています。各々の立脚点が全く違うため、意味のない真逆の論争が延々と続くのです。それならば土俵を変えよう。見返りを求めないスタイルで我々の責任でやろうとなったのです。ボランティアですから、お金がかかったらだめです。技術革新を飛躍させ、糞尿や廃棄物をすべて宝の山に変えるようなことでない限り、それは不可能なので、技術をどんどん公開し始めました。相手が何かケチをつけると、すぐに相手を無価値にしてしまうくらいの技術革新を進めてきました。

私自身は、若いころから特にお金が必要だという立場にはありませんが、難病で困っている人や健康に不安のある人々の要望に沿って、ＥＭ飲料の工場ができたり、老朽化した文化財を蘇生させるモデルとして、20年使い、13年放置され、取り壊すことが困難となっていた２３０余室の幽霊ホテルと言われた旧ヒルトン～シェラトンホテルをＥＭ技術で改修しました。今では、沖縄を代表するホテルとなっています。そのホテルの生ゴミを多元的にリサイクルする農場もでき、必然的に人材も育ち多くの専門家の協力も得られるようになってきました。

したがって、EM運動を支える母体はどんどん強くなっています。EMのことは安倍さんはじめ、国会議員で知らない人はなく、国会でも何回もEMの質問が出されていますが、調べもせず役所答弁は科学的根拠とか、データがないとかの一点張りです。

実際に世界中を調べたら、船が沈むくらいデータはあるのですが、自分たちの立場を守るため、みんな言い訳をして、根拠のない空念仏《からねんぶつ》を唱えているのです。

私は「地球を救う大変革」という公約を掲げたわけですから、海外も含めてEMをやりたいところは全部応援しています。それでいて、日本がちゃんとできなければ話にならないし、ましてや私がいる沖縄がそうでないと、なお格好が悪い。沖縄をよくしたいと思って始まった研究ですから、ほぼ結論も出てきました。

要するに、リーダーの基本姿勢なんです。だけど、みんな人間の理《ことわり》にはまって良心に従った動きがとれない状況になっています。人間の理は不足の問題からスタートし損得、勝ち負けで成り立っており、有史以前から人間を支配しています。したがって、どんな宗教界でも、損得、勝ち負けがあります。いくらいい宗教がでても必ず序列ができ、反対の宗教が生まれます。その損得、勝ち負けを前提とした人間のルールがある間は、争いや戦争をなくすることは不可能なのです。

けれども、自然の理は、あらゆるものの存在意義を認めて、あらゆるものを育み、いつくしむという無限のエネルギーの存在に支えられています。この自然の理の汲めども尽きぬエネルギーは一体どこから来るのか。こういう話が結論的には重力波ということになるのです。

## EMの無限エネルギー「重力波」の基本構造

ちょっと難しいので比嘉セオリーの概念の図（51ページ参照）に戻って説明します。まず量子状態になると、何にでも変わる。万能細胞のようなものです。今の我々の世界は測定されると固定される仕組みになっており逆転は不可能でエントロピーの海に浮かんでいます。量子的存在である万能細胞も、一度役割が決まると固定され不可逆となります。光は粒子でもあるし、波でもあるというのが量子力学の基本です。すなわち、

2つの性質を同時に重ね持っている。すなわち、2つの性質が自在に動いて真逆のことが自由に変わるのが量子状態です。波として測ったら粒子の性質は消え、粒子として測ったら、波の性質は消え、両方同時に測ることは不可能です。このような性質は、万物の発生前の全てのものに存在しており、各々の量子もつれ（エンタングルメント）の水準と量子のエネルギー量とある種の意志（全知全能）で現実が決まります。これは物質だけでなく、人間の想念も植物のシグナルも自然界に存在する全てに該当し例外はありません。最上部のエントロピーの海は、量子の世界からエネルギーが固定され現実となった姿で、不可逆で、熱力学の法則に支配されます。

別の意味で見ると、完成された現実は量子のエネルギーが集約された形になったもので、必ず崩壊に向かいますので、汚染が発生することになり、それを説明しているのがエントロピーの法則です。

この世界は既にでき上がっていますので、それを人為的に壊して量子の世界に戻すには膨大なエネルギーが必要です。したがって、原子転換は自然に起こることはなく、アインシュタインの$E=mc^2$のエネルギーが必要であり、普通の細胞をｉＰＳ細胞（多機能性幹細胞）に変えるためにも膨大な費用がかかります。したがって、現実世界の諸々は不可逆になっていて、それがすべての理論の立脚点ともなっています。とは言え、すべての存在は表に出ない裏の存在とセットになっており、超伝導的にエネルギーを支配しています。この応用例がすでにお話しした結界の効果であり、放射能の消失であり、塩が肥料に変わるということになります。

その量子状態にエネルギーを与えているのが、関先生が主張された微生物由来の重力波です。宇宙の全てのものにエネルギーを与え、バランスをとっている重力波は、宇宙由来の重力波ですが、微生物の重力子は、宇宙の重力波からエネルギーをつなぐ超伝導素子として働いていると考えない限り説明は不可能です。生命や物質の蘇生状態を維持するには、重力波由来のエネルギーが必要となります。この流れは共鳴的揺らぎ、すなわち、コヒーレンスが強化され、量子うなり（エンタングルメント）として周辺のエネルギーも取り込み、超伝導的にエネルギーを賦与する仕組みになっています。エントロピーの海では、病気になったり、物質が劣化した場合は不可逆の流れに固定されますので、熱力学の法則に従えば必ず滅亡する仕組みとなっています。

一時的とは言え、お祈りをすると、潜在的な二重構造の望んでいる方にエネルギーを与える力が発生し、量子状態がふえて、コヒーレントの力が強くなります。これは祈りの奇跡といわれるもので、様々な修行や宗教の原点的なものに結びついています。たくさんの人が心を込めて祈ると、コヒーレントの渦《うず》がもっと強く大きくなると、悪いエネルギーも揺らぎで全部集約し、浄化力にしてしまいます。

『量子力学で生命の謎を解く』という本は、生命はコヒーレントによって量子の世界とつながっていると結論づけていますが、重力波のレベルまでは理解していません。

すでに述べたように、宇宙の全ては量子もつれ（エンタングルメント）によって量子コンピューター的につながっています。同時に、図（51ページ参照）に示したように、無限次元で無限大です。ＥＭの役割は、その力を人間界や物質界に整流して賦与しているといえます。後は、そのレベルを決める意識次第です。このように理解すると、あの世とこの世を結ぶとか、ヒカルランドの出版物等に出てくるいろんな人たちの考えも、すべて説明できることになります。

重力波が測定されたのは、つい最近のことで、月と地球との間の分子1個分の力なのです。それぐらい小さいため、従来の手法では絶対に測れないと思われていましたが、重力波望遠鏡等々を含め様々な方法を組み合わせてシュミレーションできるようになったのです。

その結果、重力波はどこにも存在する、すべての存在に影響を与えているが、あまりにも弱くて測れないというサイエンスが確定したのです。その結果を受けて判断すると、比嘉セオリーも正しいということになります。話は戻りますが、病気や物質の劣化は、コヒーレント状態が弱くなって、インコヒーレントになった状態のことです。要するに、意識の質が低下し、量子状態が機能しなくなり、熱力学の法則のみが通用するような状況です。この本質を見ると、大部分の薬は一時的なもので病気を根本から治す力はありません。

頭を整理するとこんなふうになります。すなわち、お祈りは意識であり、その意識が体内の微生物の重力子にスイッチを入れ、その重力子が宇宙の重力波に連動し量子状態を起こし、生命を量子レベルで高めていることになります。量子の世界は重ね効果がありますので、多くの人が心を1つにして祈っておればそうなるのですが、その中に俺は嫌だと思っている人が1人でもいると、その量子コイルの連動効果が壊れてしまい、全く無力になることも起こります。皆が良い人で心を込めて祈っていれば、そのエネルギーは祈った人の数に比例し、重病人も治る、放射能も消えるという奇跡も起こります。後で述べますが、言霊もみんな量子の世界とつながっています。

すなわち、量子状態を高めれば難病も治る。その理論が正しいか否かを検証するため、すべての難病を治すことにチャレンジしています。ALSとか、余命いくばくもない人や様々な難病の人たちに協力してもらっています。末期癌なんかすごく簡単に治る例もあります。パーキンソン病で5年ぐらいの人なら完璧に治ります。20年くらい前にパーキンソン病を患い、硬直していた人が、体が柔らかくなったり、ひっかかりが減ったとか、比嘉セオリーの大分部の検証が進んでいます。現在200人ぐらいの難病の方々に協力してもらっています。

網膜色素変性症の進行が止まり視野が広く明るくなってきたとか、加齢黄斑症や緑内障の進行が止まり、回復し始めた例もあります。認知症の進行が止まり、回復した例もあります。子供のころから、EM生活に徹し、EMを空気や水の如く使い続ければ必然的に量子状態が高まり、病貧争もいつの間にか消えてしまいます。

私が「大統一理論」と言っているのは、重力波による全体論のことです。電磁気力、弱い力、強い力とか、重力とか、普通の物理学の素粒子の延長では限界があります。また、応用も限られています。量子状態は神々の力ですから、一般には意識を強く持った祈りの類でないと通じませんが、人間の体は9割が微生物であり、地球は微生物に満ちあふれた海となっています。その中に、ＥＭのような重力子を持った微生物が存在し人間の意識がスイッチになって重力波につながっていることを忘れてはなりません。

更に比嘉セオリーを検証するため、微生物による超伝導素子を作って試してみることにしました。まだ発展途上ですが、その素子をトランスに装着すると、この電気の流れるところは全て整流されてしまいます。沖縄ではあちこちでこの技術を使っていますので、沖縄本島全体の電磁波の害が減っています。そのことは3年前の船井メルマガに書いてあり、2年半後の検証で正しいことが明らかとなりました。

そのメルマガには、沖縄に起こっている得も知れぬ空気感の正体を解説しています。すなわち、沖縄本島を中心に高さ55キロメートル、半径３５４キロメートルの巨大なＥ

M結界ドームができており、琉球列島のほぼ全域をカバーし、世界に例のないパワースポットに変わっているのです。紫外線は黄金の光となり、降る雨は御神水になっています。ＰＭ２・５や排気ガスの被害は全くありません。電磁波の弊害は極端に少なくなり、節電効果も高まっています。その結果が沖縄の子どもたちの頭がよくなり、果物がたわわに実るようになり、農業を含む大半の産業で急激な右肩上がりが続いているのです。人間が祈ってピュアになると、必ず重力波が機能し、奇跡につながる例がありますが、それは人体のマイクロバイオームと意識（想念）次第です。言霊も相乗効果が高まる性質がありますので、同じ原理が機能しているのです。

# Part 7

# 不食も重力波世界にこうして近づいていく

## 愛と慈悲の少食／愛も重力波ではないか

私は比嘉先生のお話を聞いていて、不食も重力波が出てくる現象ではないかと思ったのです。森先生とお会いしていると、対立する気持ちがなくなってくるので、食べないということを通して見えてくる世界も神様に近づく行為であり、重力波が出てくると思うのです。

少食にすることが、愛と慈悲の具体的な行動だと甲田先生がおっしゃっておられました。いっぱい食べるということではなくて、自分が生きられるかつかつのところで食べ物を抑えていくことも自分の細胞に対して食べ過ぎの負担をかけないという愛だし、周りのものをなるべく殺生《せっしょう》しないというのも愛だし、地球の環境に対して悪いものを出さないというのも愛で、自分自身と周りの人に対する愛と慈悲が少食の具体的な表現ですと言っておられました。

少食になればなるほど霊性が高まると昔から言われています。パラマハンサ・ヨガナンダさんの著書『あるヨギの自叙伝』にはインドの女性で56年間食事をとらなかった人が登場します。彼女はインタビューで、「なぜあなたは食べないんですか」と聞かれて、「人間が霊であることを証明するためです」と答えています。

だから、なるべく殺生をしないで生きるのが愛と慈悲の表現と言われているのもよくわかるのです。地球の核に引力があって、その引力が地球を引っ張っていて、地球は物なのに全然バラバラに崩れていかない。心臓も細胞もないのに、地球の核は愛の力で地球中を引っ張っている。だから、地球に生きていることが愛の証明で、そこに生きている人間は愛の塊ではないかと思っているのです。

原発をつくったゼネコン、大きな建設会社の人たちは、国の原発予算を全部もらって、さらに除染でおカネをもらっている。おカネもらう人が存在するから争いが起こる。おカネをもらいながら自分のしたいことをしようと思うと絶対反対されるけれども、比嘉先生みたいに「おカネは要りません。地球を愛しているからきれいにしたいんです」と言ったら、誰も反対できないわけです。誰かに勝ちたいということでなくて、「みんなで一緒に生きたいんです」と言うと、何も争いは起こらないですね。自分が儲かりたいていうのが少しでも見えると、みんな「あの人だけ儲かっているじゃない」と思うけれども、「全くもらいません。でも、一緒に愛と慈悲をしてみませんか」と言うと、私も愛と慈悲に染まりたいという人がいっぱいいて仲間になる。みんな愛と慈悲を欲しがっているようなところがあるんですね。

少食といったら、生きているのにおいしいものを食べられなくて損じゃないと思う人もいるんですけれども、食べないで生きていて幸せそうな人たちを見たら、あの仲間に入りたいと思う人もいる。私が不食の本を出したら、毎日のように「不食に憧れているんです」と連絡があります。何で不食に憧れる人がこんなに来るのかしらと思っているんですけれども、私は病気で仕方がなく始めたので、病気でもないのに不食したい人がどうしてこんなにいるのかなと思った。やはり食べないで愛を振りまく存在に憧れているらしいんですね（私の書いた字からも、私の髪の毛からも、爪からも、全てのものから気が出ています。私の名前を呼べば癒やしが起こります）。

ガイアとかテラの意識が愛の力で地球を引っ張っていて、その中で世界中の人が生きていると思います。けれども、その愛が重力波なのではないかと思いです。エントロピーが物の世界の力だとしたら、ネゲントロピーというその反対のもの、すなわち命の力、魂が入ったときに、人間として、動物として生きることができるのです。例えば砂糖水は砂糖が入っていることは見えないけれども、ただのお水でなくて何かがある。そういう目に見えない生命力みたいなものが愛のエネルギーではないかと思うのです。だから私は目に見えない微生物の愛にとても惹かれるのです。

前に述べましたように私は前世、マルデク星人だったのです。太陽系にあったマルデク星は核戦争で爆発して、転生した人が地球にいっぱいいるんです。私は、瞑想していたら、どういうわけか緑坊主の自分にそっくりな目をした人が目の前にいたことがあって、その人のお鼻が私とくっついたと思ったら、私の中に入ってきたことがありました。緑坊主みたいな私がいたのです。だから、地球が放射能で汚れるというのは非常に嫌で、放射能を消す情報があると、大変気になってしょうがないのです。私の知人の木内鶴彦先生も、太古の水を1ℓの福島の放射能汚染水に1滴垂らすと一カ月後に99％放射能を除くと言っています。それはすごい、応援しなくちゃと思ったんですけれども、ボランティアの人がいない。

私は断食道場をやりたくなって、畑でEMをまいて野菜を育てたいと思って、比嘉先生にお会いしました。比嘉先生のホテルに泊まりたくて沖縄に行ったのです。比嘉先生に会いたい！　と言って会いに行ったら、ちょうど比嘉先生の会員の人の講演会に出席させていただいて、ちょっとお話もさせていただいて、比嘉先生のホテルで青汁もつくっていただき飲みました。ニワトリさんも見たり、いろいろな菜園も拝見しました。

そのうち、比嘉先生に「僕の青空宮殿に見学に来てもいいよ」とおっしゃっていただき、その次の日に一緒にEMの会社の農園を拝見した後に、比嘉先生のお家の農園を拝見しました。すごいバナナ林があって、本当は1本の木に1房しかならないのに、2房もできているんです。遺伝子組み換えでもないのに、どうしたのかなと思いました。

私は16歳からヒーラーで、54歳だから三十何年間、ずっと人の体をさわって、悪いところがわからなくなったことがありません。オーラが見えたり、悪い霊がいたらわかったりするのですが、比嘉先生の畑に入った途端に、滝のほとりにいるような清らかな、マイナスイオンいっぱいの気持ちになって、大変気持ちよくなったんです。畑を歩いて、あちこちでパワーがあるなと思うところの写真を撮っていったら、2本生えていたバナナナの木から真っピンクの光が出ていた。このピンクの光はいつも私のそばにいるエンジェルさんたちなんですけれども、ピンクの光がガーッと集まっていて、このEMの畑はすごいなと思いました。比嘉先生の農園からはピンク色のオーラが何重にも出ていました。ピンクの光は愛のエネルギーなので、先生の農園は愛の力に満ちあふれていました。

先生は「バナナ畑はすごく安全だし、おいしいから人気があるんだよ。これを売ったら50万円ぐらいになるかな。これをまた福島の汚染に持っていくんだ」と言っていて、カッコいい、何かすごいと思って、やっぱり応援したいと思った。福島の除染に関していろいろ応援したい方法はいっぱいあるけれども、見返りのないボランティア活動を20年も30年も続けていて、EMをまく手はずが全部整っている。全てが地球の浄化に向かうという確実な道が見えていて、日本人として、地球人として、絶対応援したいと思って、どうやったら応援できるかなと思いました。

しかし、勉強不足過ぎて、みんなにEMのことを話すのがあまり上手でなかったので、白鳥監督にお願いして、説明するのに映画「蘇生」を使いたいし、ちょっとお話もしてほしいなと思いました。連絡をとると、福島で講演会をやってくださることになって、よかったと思っています。「蘇生」を何回も見て、白鳥監督や比嘉先生のお話も聞いて勉強になったので、私が勉強したことをいろんな人に伝えていきながら、応援したいと思っております。

寄附するというのもありますが、講演しますよ、来てねと宣伝しながら幅広くやったほうがいいんじゃないかと思っているので、フェイスブックとかブログでたくさん宣伝して皆さんの浄財を集めて、感動とともに、寄附したくてしようがない感じで集まったものを送りたいと思っています。

私の患者さんに福島の方もいるんですけれども、福島の人はおとなしいんです。「〇〇運動」とかしそうになったら、「あなたの親戚の誰々が市役所の人いるよね」とすぐ邪魔に入ったり、出しゃばると殺されるみたいな、江戸時代みたいな感じです。原発反対運動をしたら、「あんたたちは東京から来たからそんなことを言うのよ」という感じで、おとなしくしなくちゃいけないようなところがあるそうです。

そんなだからやりたい放題で小さいところに原発を4つもつくられて、東京電力さんは東京のためにだけ電気を流していて、福島の人のところには行かないようになっているんです。

その話を聞けば聞くほど、闘うというのではないけれども、おとなしくしていたら大変なことになると思いました。福島で映画の上映ができてよかったです。

最初は、芸能人が被災地に大体ボランティアで行かれるので、有料でお話ししようと思っても500円がいいとこです。東京とは物価が違います。原発で潤っている人が多く、誰かが失業するとか、いじめられるとか、そういうようなことで何もできない。そういう何も言えない人たちのところに風が吹くように映画と白鳥監督と比嘉先生に参加していただいて、たくさん人が来てくださった結果大成功したのです。ミラクル、奇跡だなと思いました。

そうですね。たくさんの方にいらしていただけましたね。

なんであれだけの方に来てもらえたのか不思議に思ったんですけれども、福島の人が理解を示してくれて、自分ででなく、私を通してEMに寄附したいとおっしゃってくださったのです。これからもEMのことを広げて、地球の浄化をしていきたいと思います。

## 全てを自給自足で楽しく「ユニバーサルビレッジ」をつくる

人間の体の9割は微生物で占められています。したがって、森さんの体内の微生物の重力波はかなり強く機能しているため、私の農園に行っても、シントロピー状態になっていることがすぐわかるわけです。

人間の勝ち負け、損得の世界は何から生まれたかというと、食料不足、飢えの心配で、そこから争い事が始まるのです。だから、食べ物の問題を本質的に解決して、健康や環境の問題も解決しないといけない。昔の自然に戻れと言っても、人口がふえていく今のような構図になると不可能です。現況は、仕組み上、必要必然的になっており、その延長線上に未来はありません。

それに、やっぱり足りないから、食べられるときに思いっきり食べておこうという本能的な癖が人間にはある。実際はそんなにたくさん食べなくてもいいのに、僕なんか戦後の欠食児童ですから、食べておかなきゃとつい思うし、みんながごちそうを出すと食べないと悪いような気もするし、損みたいな気分もあってぶくぶく太ってしまった。

けれども、そういうことではなくて、自分に必要なだけのエネルギーがあればいい。燃焼効率からいっても、森さんが言われている水準で微生物が働けば、あるいは心の状態が常にコヒーレント状態であれば、計算外のいろんな宇宙のエネルギーがその人に入ってくるわけです。そうすると、エネルギーや酵素のムダ遣いもしないし、非常にいいピュアな状態を維持すれば、空気中から何もかも取れるということも、あり得る話です。

とはいえ価値観的には、ごちそうを食べたいとか、様々な誘惑がいっぱいあって、これが1つの文化または産業として定着しているものですから、森さんが言っていることは、確かにそうですが、なかなか実行できないですね。

私たちは、これまでのしがらみからすべて解放され、楽に自給自足し楽しく人生が極められるユニバーサルビレッジをつくろうという計画を進めて始めています。微生物の力を借りれば、エネルギーは無限大。重力波は宇宙エネルギーと同じですから、あとは使い方次第です。私が住んでいる沖縄の状態を見ればわかりますが、ほんのわずかな細工でエネルギーが増幅できます。重力波エネルギーは無限大にあるわけですから、それを整流し環境や植物につなぐと生産力は倍加し、その分だけ環境もきれいになります。
この技術の使い方次第で、限られた面積でも大体10倍ぐらいの人を養うことができます。

## 物質的な世界が幾ら使っても減らない仕組みにチャレンジしていく

ただ、私の根底には、人間の進化の未来にどのように対処すべきかという命題があります。いろんな進化のプロセスを考えると、人間は神様に進化する以外に選択肢はありません。過去に戻ることは不可能です。そのためには、物質的な世界が幾ら使っても減らないような仕組みを完成させなければなりません。神様に近づこうと思ったら、瞑想を含め、芸術とか感性をプロフェッショナル的にチャレンジし磨くための時間が必要です。食べる心配も、病気になる心配も、住む家の心配や人間関係の心配がなく、全ての仕事に神が宿る芸術的なものになるように打ち込むと、より神様に近づけるということになります。

現実は、貧しいから食べるために働いたり、実際は嫌いなのに、その職業についたら収入が増えるとか、競争社会はストレスが非常に増大する最悪な選択をしています。このような人間のルールは最悪なもので、それが社会のシステムに組み込まれ、法律や宗教もこの構造を是認しています。それはもう別世界をつくるべきだと考えない限り解決は不可能です。まずは3次元のレベルへ、4次元レベル、多次元、無限次元を活用する技術が必要です。フィンドホーン（スコットランド北部にある共同体のエコビレッジ）のような突破口も、人間のルールでジャッジするため、挫折するのです。そんな繰り返しです。そのような事例は世界中を探すとたくさんあるのです。

まずはシントロピーの海に出て、更に量子の世界に辿りつけば何の不足もなくてそれができます。これを実証しようということで、たまたま私と考え方を同じにしているマサチューセッツ工科大学（ＭＩＴ）の正木一郎博士に協力することになったのです。正木博士は、18年前にパーキンソン病になってかなり重症化していました。日本にも10年以上も帰ってなく、閉所恐怖症に陥り、来日をあきらめていました。私は一昨年5月、ボストンまで行ってＥＭ技術による健康指導を行った結果、昨年1月、沖縄まで来られて、ＥＭホテル（コスタビスタ沖縄ホテル＆スパ）でゆっくり養生してもらいました。

その機会にユニバーサルビレッジの構想を考えるようになりました。

宇宙の理にかなった全て理想的な、蘇生的な村のあり方、車なら100％自動運転とか、エネルギーなら超伝導、健康なら……等々の理想を全部追求して、安全で快適、低コストで高品質で善循環的持続可能な、大宇宙と調和のとれた村を作りたいという発想になったのです。ＭＩＴには10人くらいのノーベル賞教授がおりますが、正木博士の発想はそれをはるかに超えています。

正木博士との出会いは、我々がマレーシアで1350戸の住宅群をＥＭで作り、ＥＭエコシティを進めていますが、その実績をユニバーサルビレッジ国際会議で発表させてもらったのがきっかけです。ＭＩＴは量子コンピューターで先端を行く大学ですが、それも何かの縁と思っています。正木博士がＥＭのこともよく知っていると言われて、接点ができたんですが、後で重度のパーキンソン病だということを知り、量子エネルギー技術を用いた対応を始めたのです。その結果、進行は止まり、徐々に回復し、昨年の1月にはとうとう沖縄まで来られたのです。

その次は、5月の末から6月上旬、沖縄のＥＭホテルがあいていて、私の日程が楽なときに来てくれました。この時点で基礎体温も2度ぐらい下がりました。パーキンソン病は、ミトコンドリアの活性が高すぎて、常に体温が高く、すぐに空腹になります。2回目の来日の2日後には平熱になって、クーラーが寒いと言い出したのです。これまでは、クーラーを入れないと暑いと言われていたのです。食事の量も普通の人並みになり、体の柔軟性が徐々に戻り、これまで30分ぐらい仕事をすると疲れるので、小休止をとっていましたが、疲れが少なくなり、今では1日中でも仕事をしています。

昨年10月の名古屋大学でのユニバーサルビレッジ国際会議は、その年の3回目の来日となり、会長あいさつで、世界の学者や研究者は微生物が原子転換をするという比嘉博士のセオリーを真剣に受け止め、農薬や化学肥料に替わる資材の開発、放射能対策、地球温暖化、マイクロプラスチック対策、原子力に代わる新エネルギーの開発に資するべきであるという基調講演を行ないました。

現在、正木博士とその解決策に関連する本を書いており、世界の環境問題を本当に心配している人々に微生物の力とEMの活用による解決法を提示することになっています。

そのことがきっかけとなり、それなら福島で一生懸命やっている人たちに協力して、ユニバーサルビレッジをつくろうとか、バリ島にEMがかなり広がっているので、バリ島を全部とか、マレーシアのジョホールバルのEMエコシティを全部ユニバーサルビレッジ的にしようと話し合っています。難病になっている人をそのビレッジでは量子エネルギー治療で全部タダで治してあげますとか、徐々に量子技術をセットして気がついてみるといつの間にかユニバーサルビレッジになっていたという方向に進めており、このモデル的事例を沖縄で作り始めています。

一方、三重県津市にある救世神教というグループは、世界一の無農薬バラ園やEMで管理している世界一の天空の庭を作っています。今は自給自足の菜園を含めて地上天国創成に向けいろんな形をスタートさせ、かなりのレベルに達しています。それは岡田茂吉師の教えを最も忠実に守っている教団ですから、私の考えと岡田師が言っていることはすべて合致しています。岡田師の考えを技術的に私が進化させたということになりますが、浄化してピュアになればシントロピーの状態になり、しかも、それは先祖代々の量子もつれを正すことにもつながっているのです。

はるか昔の遺伝子のゆがみから来ている難病や、化学物質や放射能等々で遺伝子をゆ

がめたための病気は根は同じものです。ですから、当然、霊的な側面も量子論的に見ると、何代も、あるいは何十代前ものはるかな先祖の情報が残っているんです。白鳥さんが言うエドガー・ケイシーの治療法も、原理的に説明できるわけです。現実からさかのぼると、ＤＮＡの傷は人災と言えるもので、量子もつれによって連綿と続いているのです。それはトポロジカルでホログラフィ的に量子が機能しているためです。

すなわち、量子コンピューター的に全てがつながっており、個が宇宙全体であり、宇宙全体が個であるという関係にあるからです。

食べることと、健康と、環境。エネルギーも含めて、住むのにコストがかからないこと。そこを実現しないと、人間が神様に近づく修行の時間が足りない。そこを考えて、今いろいろなところで計画を進めています。

## 少食と腸内細菌進化の秘密

私の腸内細菌にも微生物さんがいっぱいいいるんですけれども、セルロースからたんぱく質のもとのアミノ酸をつくる菌がいたり、大腸菌さんが少なくて乳酸菌さんが多いことがわかっています。また、長年菜食しているので、どこから来たのかわからないんですけれども、どうやら私の腸には人間の女の人の腸には通常ならいなくて、牛の腸にいるような菌、新発見の菌がいるらしいんです。先ほども述べましたが、理化学研究所微生物保存室の元室長の辨野先生、日本で腸内細菌を一番持っている先生に、テレビの取材があったのでクール宅急便で私の便を送ったのです。そうしたら、先生がビニールをパッとあけたときに牛の内容物のルーメンのにおいがしたというのです。日本人の女性からどうしてこんなにおいが出るのだろう、この便の中には、微生物学者にとっては金の卵、宝物があるとおっしゃっていました（笑）。

今は、大腸菌を培養して、1つ1つ固定して、遺伝子で解析するから解析が速いらしいんです。人の唾液と腸内細菌で遺伝子の解析ができるようになりました。昔なら何千万円もかかったのが、今は1人10万円ぐらいでできるようになった。

東大のほうでも私の菌をとったのです。私の患者さんで、申込書に大学教員と書いた人がいて、勝手にどこかの短大の文学の先生かなと思っていたんですけれども、別にどこの大学と書いてなかった。食道癌だったので、「生菜食がいいんです。生菜食すると頭もよくなるんですよ」と勧めると、「それはよくなりたいですね」とおっしゃっていたのですが、奥様がそばにいて、「あなた、それ以上、頭がよくならなくてもいいでしょう」と。奥さんにそんなこと言われるなんて、どんなに頭がいいんだろうと思いました(笑)。3日ぐらいしたら東京大学から封筒が来た。「この間、お世話になった〇〇ですけれども、実は僕の研究は大腸菌の遺伝子の研究で……」ということで、最先端の大学の先生に「もっと頭がよくなりますよ」と言ってしまった。恥ずかしい! と思っていたんです。

それでその方は甲田先生の本とかいっぱい読めば読むほど、癌の人が治るとか、体験記の成果に驚いて、自分も生菜食するから研究したいということで、私の唾液と腸内細菌をとって研究することになった。

その方いわく、森先生は生菜食して何十年クラスだから、最初はどうで、最後がどうだという経時変化がわからない。生菜食を全然やっていない人が始めて腸内細菌や遺伝子がどう変わるか、経時的な変化も見てみたいということだったので、鍼灸師の免許を持っている私の弟子の皆さんに、「生菜食を1年して東大で検査をやってみない？」と頼んだら、やる人が何人かいて、やってもらったんです。半分ぐらいは脱落して、できなかったんですけれども、半分ぐらいは成功して経時変化を見られたのです。

その大学の先生は英語で論文を書いて出すとおっしゃっていて、東大の先生がトップネームで英語で論文を書いてくれたら、すごく広まると思っていたのに、東大の倫理委員会は開示を全然出してくれませんでした。

どこから来たのかわからない腸内細菌。私のエネルギーが生体内原子転換？　摂取カロリーからすると、使っているカロリーの計算が合わない、体の中に原子力発電所？　食べている種類も少なすぎるんだけれども、昔、フランスの生化学者ルイ・ケルブランがニワトリさんの実験をして、生体内原子転換をしているんじゃないかということを調べました。卵の殻になるカルシウムをエサに全然入れてなくても、やわらかい殻でなくてかたいカルシウムの入った殻をつくれるという研究も行われました。

ルイ・ケルブランは鶏でカリウムから、水素を結合してカルシウムに変化することを突き止めたのです。

それを証明するには科学がちょっとついていっていないんですけれども、ニワトリさんの例であるんだよということで、私は牛の腸を食べたわけでも、牛の内容物を食べたわけでもないのに、腸内細菌が必要に応じて生まれてきている。だから、ある意味微生物は神のような存在なんでしょう。

それしかわからないんですけれども、遺伝子のこととか腸内細菌のこととか、わからないことはいっぱいあるのです。腸内細菌にも波動みたいなものがあるらしいんです。高輪クリニックという歯医者さんで、お医者さんの遺伝子のことをテレビでいっぱい言っている陰山康成先生とも一緒にお話しして、遺伝子や腸内細菌が人の感情にいろいろ作用すると教えていただきました。6～7割の免疫細胞は腸の周りにいて、体中の免疫を左右していると言われている。現在は腸の働きとか腸内細菌が健康に大事と言われるようになってきたのです。

私の腸内細菌をとろうと思ってもあまり出ないんですけれども、出たものを「森菌」としてみんなに配った暁《あかつき》には（笑）、非常に穏やかな性格で、お肉を食べなくてもいっぱい太ってくる人がふえるんじゃないかと期待しているんです。私の腸内細菌をとって英語の論文にして国際フローラ学会に発表した先生が、こういう日本人の女性がいますと言ったら、世界中のフローラ学者が「そのサンプルをちょうだい」と言ったんですって。「いいですよ」と配った。「先生、私の便をそんなに勝手に」。でも、世界の飢えをしのぐためならどうぞということでやっているんです（笑）。

「先生、それをカプセルとかで飲んだら、みんな私みたいな腸内細菌になるんですか」とお尋ねしたら、「いや、宿便があったり、環境がいろいろあるので、森さんみたいに優しい環境の人でないと定着しないかもしれないですね」と先生はおっしゃいました。

森菌が欲しいという人は世の中にいっぱいいるんですけれども、もしその菌が定着した暁には、何も食べられなくなるんです。それはそれでいいのかという話なんですが、腸内細菌はおもしろいですね。

正にそのとおりです。森さんのおなかの中は、量子状態の強い蘇生型微生物、要するに、重力波の機能が体内原子転換するレベルに達している微生物がかなり住んでいるということになります。量子状態なら何にでも変わりますから、呼吸をするだけでエネルギーはどこからでも取り出せるからです。そういう状態になるためには、やっぱり精神

的整流が必要で、愛とか意識を高めるための祈りや瞑想の向上を習慣的にトレーニングし、体調を量子状態に近づけると、おなかの中の微生物がそれ相応に変わり必要なものをすべて作り、奇跡的なことが起こっていると私は思っています。食物における発酵と腐敗を考えると、この件を更に深く理解できるようになります。同じ食物でも、発酵のレベルが高くなると全てが体の栄養となり、それに伴う様々な物質が作られますが、悪い微生物が増えると、強烈な毒物に変わって何もかも壊してしまいます。

元九州大学の高尾（征治）先生の実験で、お水に「ありがとう」と書くと、それまでふえなかったカルシウムが急にふえ始めることがわかっています。言葉だけでも、何もないところからカルシウムが生まれる。「ばかやろう」のほうは1週間後に急激に降下するというものがあります。言葉の振動が量子に影響して、物質に影響するということですね。

量子の波みたいなものが物質化したら、カルシウムでも何でも……。

蘇生型微生物がおおくなれば、セロトニンなどがより産出しやすくなるから、心が安定してくるわけですね。逆に腐敗菌が多くなればいらいらしたりする。ノルアドレナリ

ンとかと共鳴しやすいから、心も攻撃的になるのですね。

量子の世界は、物質と反物質、精神界も含め常に反対の存在が同じレベルで重なり合っています。そのことを理解したうえで、初めからちゃんとなるわけでなくて、意識的に量子の部分の良い機能を集約する必要があります。その集約度が運命を決めてしまいます。したがって、意識によって量子状態を良きレベルに強化するような瞑想や修行を行う必要があります。日常的な生活の中で、利他に徹し見返りを求めないボランティアを重ねると、その行動が量子の世界を開いてくれますので、特に修行したりする必要はありません。白鳥さんや森さんが話している愛と本質的には同じものです。

インドのサイババの物質化現象とか、今の科学レベルで説明しようとすると不可能なのですが、現実的には起こっているわけです。量子的に考えると当たり前の話で、起こってもおかしくない、起こるのが当然だということになります。しかしそれを認めると、それまで累々《るいるい》と積み上げてきた学問の世界が、カパッと壊れてしまうことに恐怖を感じたり、量子力学的世界像に達していないために、こんなバカなという話になるのです。ヒカルランドでこのような本をいっぱい出してくれると、みんなの頭がだんだんやわらかくなってくると思います。

## 少食に1歩踏み出すためのアドバイス

この本を読むと、愛と慈悲の少食を実際に実行したいという人が出てくると思います。森先生はもともと病気を克服するために、甲田先生のもとで段階を経て少食になられたと思うのですけれど、これから1歩を踏み出す方々へのアドバイスはありますか。

まず、自分の健康、体の声を聞くことが大事ですね。無理をしているのはよくないです。私はご飯をあまり食べていないのですが、エネルギーというか、胸がいっぱいになる、ワクワクするものを何かもらっているんです。温かい風みたいなものが来て、胸がうれしい、楽しい、幸せな気持ちでいっぱいで、おなかがすかないのです。大恋愛の恋人にプロポーズして、それがオーケーだったときを想像してみてください。すぐご飯が食べられますか。うれしくてたまらなくて、ご飯なんか食べていられないくらいワクワクしている。それがそこら辺にいる人間ではなくて神様だったらどうでしょう。「あな

たのことが大好きよ」と神様に告白されたら。
仙人になっちゃった。
楽しさがあって、うれしい気持ちをキープしつつ、長い年月をかけて少食になりました。拒食症は悲しい気持ちがあると思います。生きたくないとか、お母さんみたいになりたくないとか、痩せないと認められないとか、きれいに見えたいとか、自分をよその人に知ってもらいたいとか、自分の気持ちを捨てる緩やかな自殺みたいな感じです。私の楽しい、うれしい、大好きという気持ちとは相反する気持ちを持っていると思います。

不食にとらわれないで、自分の体の声を聞いて、結果を急いで不食になるのでなく、緩やかな日常生活の変化、不自然なものは摂るのはやめておこうとか、幼稚園生じゃないから夜食とかおやつはもうやめようとかそういうことから始めてはどうでしょうか。「サッちゃんはね（中略）バナナをはんぶんしかたべられないの」と歌にもありますが、胃が小さい子はおやつを入れて4食ぐらい食べなくちゃいけないけれども、大人分の1食を食べられる小学生ぐらいからは、おやつもお夜食も要らない。大人はおやつも、お夜食も、宴会も要らない。本当は2食ぐらいで大丈夫なんだから、夜、宴会があったら、おつき合いだから宴会をしてもいいけれども、朝昼抜いて、おやつも抜いて1食だけにして、次の日は昼も抜いてという感じで、ほかのところでバランスをとって、自分の細胞が楽だな、体がすっきり軽いな、うれしいなという状態に持っていく。

だんだん少食になっていくと、食べたら体が重くて頭が動かないけれども、食べる直前が頭が一番動いて、すがすがしいときだと思うようになります。おなかがすいて胃が痛いとか、気持ちが悪いとか、ぐったり力が抜けるというのは、本当は食べ過ぎで自分の脂肪をエネルギーに変えるシステムがさびついて使えなくなっているからだとわかってくる。栄養学とか生物の時間に習ったかもしれないですけれども、脂肪やたんぱく質はブドウ糖になる。だから、もしブドウ糖が足りなくなれば、皮下脂肪がブドウ糖に変化して低血糖にならないはずでしょう。でも、のべつまくなし甘いものを食べて、足りなくなったと食べて、胃が痛くなったと食べていたら、筋肉と脂肪からエネルギーをとるシステムを放棄していることになります。

私たちのご先祖様は、8割が水のみ百姓だった。自分のご先祖様は何億人もいる。自分のお父さんとお母さんが結婚して、子どもを産んで、育てて、死ぬ。かつかつの飢えたご先祖様が自分には必ずいたはずだから、その遺伝子をオンにして、使っていない能力を生かせば、たんぱく質と脂肪をブドウ糖に変える能力が復活する。尿素窒素をたんぱく質にリサイクルするとか、そういう使っていない能力を使い始めたら、おなかがすいているときにもすごく活発になるし、第五感も冴えてくるかもしれないし、第六感も冴えてくるかもしれない。何か降りてくる感じとか、才能も芽生えてくるかもしれない。

我慢しなくてもいいんですけれども、食べ過ぎて休んでいる能力が多すぎるから、本来の自分に帰る程度の少食で健康を維持できるように、ＥＭでつくった野菜などを食べながら少食にしてもらったらいいなと。食べるものも愛の波動に満ちあふれていて、空気からも愛のエネルギーをもらって、愛いっぱいの人間生活を送るのです。

愛に満たされると、食べなくても済むようになってくるのですね。食べなくなって、ブドウ糖がどんどんなくなっていくと、今度はケトン体という物質が出始めて、それがエネルギー源に変わっていくのですね。

脳が活用するものが変わっていくのですが、今の栄養学は先が見えていないですね。甲田カーブといって、少食にすると体重が減っていって、減らなくなって、上がってく

る現象が見られます。この上がってくるのは栄養学では計算できないんですけれども、上がってくる現実がある。1000カロリーそこそこの生菜食で体重が上がってきたときに、免疫力も腸内細菌も遺伝子も変わって、新たな体内環境になって、病気をつくった内部環境が全然変わった別人のような体になって、病気が治っていく。そういうことを栄養学の人は知らないので、基礎代謝がこれぐらいだからこれぐらいは必要だということで言っている。基礎医学の免疫学などでは、少食にすれば免疫力が上がることはみんな知っていることなんだけれども、お医者さんは、昔ドイツの人が言った基礎代謝量から全然離れられない。

栄養学は政策でもあるし、血圧とかコレステロールも、みんなお薬を売るための政策だったりする。たんぱく質を多くしないと牛乳とか卵の業界も困るから、給食のたんぱく質は下げられない。人間の体はあまり変わっていないのに、どうして正常値とか摂取量がそんなに変わっていくのか。昔のご先祖様のことを考えれば、いろんなものはもう少し少なめでいいんじゃないかと思います。

たんぱく質も、実際は牛たちより大豆のほうがよっぽど多いわけですね。だから、畑

の大豆を食べていたほうがたんぱく質もよっぽど多くなる。そういうのもやっぱり１つの政策ですね。

偉い大学の先生が決めたことだから従うしかないよという感じで（笑）。

今の商業主義も含めて、食料生産から全ての仕組みができ上がっているわけです。この中でそういうのは要らないとか、そんなにたくさん摂る必要はないとか言っても、相手はたくさん売ってカネを儲けたいわけですから、全て相反するわけです。正しいことを言っても、間違った発想が既成事実として積み上がって真理的に扱われており、本当に正しいことができないような仕組みになっています。原子力だって、原子力にかけただけのおカネを別のエネルギーの開発にかければ、その１００分の１以下で済んでいます。

そういう意味で、勝ち負け、損得の戦略の上に全ての構造が乗っかっていて、これを正そうとすると必ず迫害される運命を持つことになります。今は民主主義になってきたので磔《はりつけ》にされて殺されることはないんですが、ひところなら森さんは魔女として処刑されていたかもしれない。

火あぶりの刑になっていたかもしれない（笑）。

これだけ情報が飛び交う時代ですから、そういうカテゴリー、みんなで楽しくやっていきたいというビレッジもつくれる時代になったのです。これも歴史の必然と言えます。世界が言っているグローバリゼーションという当たりのいい表現は最悪の自由競争が前提となっています。実際は人間の進化の未来像に対する使う尺度が間違っているわけですから、格差が広がり不幸をたくさん生み出すシステムになっています。その受け皿として、愛と共存共栄の楽しい人生のほうがいいというモデルや理想的な国家像や世界像を作らねばと考えています。

私はその国をEM国と称しています。EM国をつくるから税金（会費）を納めなさい。年間6000円の会費を払うと、ピース（神経を量子的に正常化するグラビトロンピース）とか、病気にならないためのいろんな量子グッズを貸し出すことにしています。税金を納めなくなったら、グッズは全て返してください。電気毛布も細工して、体にいい電磁波に変えていますが、これはみんな無償でやっています。家族の中に難病の人がいれば、今持っている量子技術で全て無償で対応します。そのかわりEM生活に徹し、病気にならない生き方をして、それを他の人に広げ、時々はＥＭボランティアに参加してください。最後は「いろいろあったけれど、社会に役立ったいい人生だった」と納得して人生をしめるという軌範作りが、今、着々と動き始めたところです。福島のように大変なところを「うつくしまＥＭパラダイス」にして、地上天国化しよう。ＥＭの技術はそこまで来ているのです。

# Part 8

# 重力波をベースにして人類の未来を解決する

## 相手を無価値にする強烈な技術革新

今、私は、エドガー・ケイシーの「リーディング」（ケイシーが仮眠中に得た高次元の情報）を題材にした映画を制作中ですが、ケイシーのリーディングの中に「もしこの先1000年人間が生き残るとしたら、どんな未来なのか」という内容のものがあります。その未来は「自給自足の有機的農業、エネルギーもフリーエネルギーで自給自足、経済は家内工業的な分かち合い。教育は肉体だけでなく、心、魂レベルも育てる」と記述されています。そういう意味でEM国は将来の人類の1つのモデルケースになると思っています。

先に述べたように特に原発事故の避難区域である福島の今泉さんのところは、EM散布によって波動が高まっています。放射能が逆に蘇生エネルギーに変わりイヤシロチ化していて比嘉先生のおっしゃる楽園天国みたいな環境になっていると思いました。

そのいい例が生き物たちですね。今泉さんのところの生け簀《す》にいたイワナもモリアオ

ガエルもオオサンショウウオも生き生きとしていた。高い放射能だったところが心地いい場所になっていて、ずっとここにいたいなと感じました。

これからの人類の未来像と、日本の放射能の問題、そういう意味では原爆もそうですが、日本人がなぜ味わわなければいけなかったのかという1つの回答があるように感じるのです。日本だからこそ、この問題を克服して人類に伝えていく役割があると思うのです。

先ほどの先生の重力波のお話で思い出すのは、ケイシーのリーディングの中の次の言葉です。『重力とは何か。波動なしで力に変えられんばかりになっている波動力の収斂である。（195―54）』これは重力波のことを言っていると思うのです。量子などの振動が整えられ集約されたものが重力波であり、比嘉先生は早くから微生物の波動力を収斂《しゅうれん》する力に気づかれていたと思うのです。ここでもまた先生は未来を見通されていたと、今、別の角度からも感じるのです。

量子力学の世界の情報は、文献が悪いのか、説明不足で一般の人になかなか理解できないですね。それには必ず光が波と粒子だというところから始まり、例えば観測していないものはないと同じとか、とんちんかんでわけのわからない説明が多く、何でもありのことが書いてあります。確かにそのとおりなんですが、それはエネルギーの流れから整理しないといけない。せっかく電磁気学から、強い力、弱い力とか重力とか量子力学へと物理学がたどってきたんですが、それは全てがエネルギーの集約のプロセスですから、エネルギーがコヒーレント（共鳴的揺らぎ）しない限り起こることはなく、この流れは比嘉セオリーのいわゆる左端の部分です（51ページ参照）。そのコヒーレントが全ての宇宙や有用なエネルギーとつながって増幅し、蘇生の力となっています。逆のインコヒーレント状態になると生命や物質の力が低下します。素粒子はもとより、全てのものがこのようなエネルギーの流れによって支配されています。大自然はそのような仕組みになっていて、向きが悪ければ壊れるし、向きがよければ蘇生し原子転換も起こるのです。今我々の生活を支えている技術は、みんなその向きがインコヒーレントになっていて破壊的方向を辿っているのです。この現実を理解せず昔の状態に戻れと言うのはむちゃな話で、シントロピーや量子の海の技術を使いエネルギーの流れをコヒーレント状態にすれば、今までつくり出してきたエネルギーのプロセスもすべて有用化し無害化する力になります。

今の物理学あるいは量子力学の最先端の本でさえも、私流で理解すると、かなりとんちんかんなところがあります。すなわち生命や万物は意識的に素粒子のレベルからエネルギーを集約しているんだという認識が欠けています。例えば森さんの腸内は蘇生型微生物のレベルが非常に高く、体内原子転換もやる。量子状態にそういう力があり、何にでも変わることができますので決して難しい話ではありません。概念として量子の世界の万能性はその人の意識レベルであり、アインシュタインはその最上に位置するのが愛であると遺言しています。

私の話はすごく単純なんですが、その応用範囲があまりにも広いので。みんなは私を困らせようとして無茶な質問をするので、つい応えてしまうのです。エイズはどうですか、癌はどうですかと、いろいろ言われて、「理論的には可能です」と言ってしまった途端に責任が発生して、やらざるを得なくなってしまいます。わざわざタイのチェンマイまで行って、エイズの患者に実際会って生活指導とＥＭの活用法を教えたのですが、まじめにやった人は、みんな元気になりました。末期の癌や様々な難病が良くなったという報告も多数あり奇想天外な話をしているのではありません。

重力波をベースにして人類の未来を解決する。要するに、現今のレベルでわかっていることは比嘉セオリーの最上部の固定された不可逆となった物質の世界の話です。その立場から見れば、宗教を含めた精神界はオカルト的で、サイエンスではないわけです。量子力学がこれだけ発展してきて、信じられないような技術革新が起こっても頭が古来からの物理学に支配されているからです。大統一理論も重力波の概念が加わって完成するということを忘れてはなりません。最終的にアインシュタインは、それは愛であると娘に宛てた手紙にかいています。これまで重力波の測定は困難だと考えられていました。でも、月と地球との間の1分子ぐらいの違いまで測定の精度が上がってきて、間違いなく重力波が存在するということになったのです。

量子力学的な世界像からすれば、うまくいっている現実世界の逆を見れば地獄だし、この流れを量子的に逆転すれば全てが天国になるという世界が出てきます。地球には、そのような役割を持った微生物が宇宙の重力波とつながり、量子状態を作り、何でも変わり得る場ができていて、それに人間の意識や愛でスイッチを入れ、全知全能の神につながるような仕組みになっていると理解すべきです。そういうことを想定した上で量子力学を読むと頭の整理ができて、なるほどとなりますが、書かれた本をそのまま信じて覚えようとか理解しようとすると、大体本を書いた人の大半が勘違いしているため、理解できるはずがないのです。

これまで述べてきたことは、量子力学的世界像であり、すべてを量子エネルギーの状態で理解するようになれば、万能的なスタイルが完成するのです。しかし、これが現実的になると旧来の科学や宗教や政治や経済等々が無用の長物となってしまいますが、その旧勢力の力は巨大です。その対抗策は、量子的に相手を無価値にする以外に方法はないのです。相手が知らない間に無価値にしてしまうくらいの強烈な技術革新がなければ人類の未来はありません。

ＩＴの技術で人工知能が人間を超えるとかいろいろ言っていますが、これはこれで労働の代わりとか、この流れには必然性があります。しかし、人類の進化の未来像から考えると、今のＩＴのレベルに精神性や思想を付加する必要があります。情報の価値は目標によって決まりますが、今は人間を労働力としてしか考えていませんので、それに代わる人工知能は確かに重要です。確かに便利な道具です。しかし人間の本質は労働力ではありません。すでに述べたように人間は必然的に神様に近づくために一歩でも進化する義務を負った生き物なのです。その方向に動けば、今のＩＴの発展は人間の雑用を片づけてくれる存在であって、ロボットに負けてしまうとか、ロボットと競争しても負けない人間をつくろうとかいうマンガチックなことは起こらないと思っています。

何年か前、人工知能は絶対的に人間より勝《まさ》ると書いた本がありました。確かに情報の集約を考えればそうなんですが、それは人間の道具としての世界の話です。精神世界も含めて何にでも変わる量子の世界でそんなことが可能かというと、量子コンピューターのことを考えると、確かに理屈上は可能です。だけど、そういう崇高な水準に機械が行くかというと、あくまでも設計者の意図ですから、あまり心配しなくて大丈夫です。

２０４５年、人工知能が人間を超える時期が来ると言われていますが、先生は、それはないとお考えですか。

知能の競争からすれば記憶を外注するようなものですから、それはそれでいいんですが、人間が神様に近づくためには、そういう記憶はあまり関係ない、むしろ荷物になり

ます。これまでの人間の知識の延長ではものすごく便利だということになるのですが、例えば病気を全部見つけるロボットがいるといっても、我々からすれば、病気にならないように生きればロボットは必要ないのです。必要でないようにするというのが一番自然な生き方です。病気にならなかったら薬は要らないわけで、食べ物や、環境や、生き方の姿勢で決まるわけです。

何でそこをやらないのかというと、損得、勝ち負けの商業主義的なルールに乗っかって様々な策を弄し迷路に入って、散々いろんな問題が起きているのです。今はそこから抜けて、理想の村をつくりたいと頑張ったらできる時代です。歴史的には、過去のいろんなことは必要だから必然的に起こったとしか言えません。要するに、人工知能との競争、損得、勝ち負けはこの程度でいいですが、人間が楽しく生きるためのコストが限りなくゼロに近づくと最後は神様と人間の対局になってしまう。それは誰が考えても神様には勝てないです。

# 日本が未来の人類のあり方のモデルをつくる

森先生は、神様から大好きと告白されたような気持ちに満たされるという話をされていました。これは一言で言うと、愛に満たされる感覚に近いのかなと思うのですが、愛ということに関しては、重力波的な視点ではどうお考えですか。

これは万能で、不足を全て補って癒やしてくれる。重力波はそういう性質がありますので愛の権化とも言えます。僕は「EMを神様だと思え」と時々乱暴なことを言いますが、すでに述べたように、それは宇宙の重力波とつながっているからです。宇宙の重力波は、宇宙の成り立ちを含めて、宇宙の過去と現在および未来を全て支配しているわけですから、愛や意識は微生物を通し重力波を引っ張り出し、強化するスイッチとなっています。

森さんのようなスタイルでアクセスして、ハッピーに思う。あるいは、もっと自在にユニバーサルビレッジを作る。これが人間の本当の道ですが、今までの商業主義やこれまでの常識に反するため、必ず迫害されてしまうので、やはり独自の保護区をちゃんと設けて、そこにモデルをつくるしかない。

今までは、そういう提案をしても提案で終わったのですが、今はそれを自力でつくれる状態まで来ました。また、賛同する人も増えてきました。高齢化社会になって、認知症をはじめ、体のいろんな不具合がある。そうなると、それを完璧に治して、その人の今までの人生の体験を人類の社会的な資産として役に立てるような方向に持っていくしか解決策はありません。だから、病気にならない生き方に徹し、万が一の場合には、どんな病気でも治せるということが大事です。そういうプロセスを経て、いかなる人生でも、自分の一生はよかったという確信を持ってあの世に行けるようなシステムをつくらねばと思っています。

これまでは戦いの時代ですから、戦争に負けたらおしまいです。何もかも負けたほうの責任です。日本は皇室が、国民の安寧と世界の平和を常に祈っており、それが日本の尊厳と品格につながっています。今なお、八百万《やおよろず》の神々と共に生きている国家の存在は世界史にもありません。私は昔から、天皇制は世界の歴史を正しく変える力があり、これこそ大和魂の原点で、それが形として出ているのが五箇条の御誓文と教育勅語であると確信しています。世界に範たる道義国家となるための国の姿勢や国民のあり方を具体的に示しています。これを守ることが国の尊厳と品格を高めることであり、国民の資質向上の原点とも言えるものです。日本は神代《かみよ》の時代から続いている万世一系の皇国で自然の神々と共に生きている国なのです。それは正に量子的なのです。私は若いころから「世界中を日本化すべき」と言って、海外を回っていました。みんなに右翼と言われて大分たたかれましたが、この信念は微動だにしていません。他の著書にも伊勢神宮のことを書いています。長い時間をかけて人間と自然が合作して神様をつくった。こんな量子的な歴史を持っている国は日本だけしかない。アインシュタインが、「我々は神に感謝する。我々に日本という尊い国を作ってくれたことを」と言った意味をもう一度考えてみる必要があります。

戦後は正しいことを教えない学者や教育者とマスコミの情報操作によって、危ういところまで来てしまいましたが、そこに確たる国家観を持った安倍さんのような人があらわれて、また国民が本気で皇室のことを考えるようになり、みんな目が覚め始めています。ちょうどいい時期に差しかかったなと思っています。

世界の平和国家、人類のあり方の未来のモデルをつくれるのは、その歴史的背景から考えると日本しかない。量子力学的にみて、興亡を繰り返しそのエネルギーが途中で途絶えた他の国では不可能です。そのため、みんなが納得するためのモデルとして、福島をはじめ日本中にユニバーサルビレッジ作りを始めています。今では海水にEM処理すれば肥料や農薬を使うよりもはるかに楽で多収高品質の農業が誰にでもできるという技術も確立しています。また、ゴミやプラスチックやタイヤはもとより、海岸の漂着ごみのすべてをEMで整流した炭化機で炭にし、最良の土壌機能改良材にし、炭素にして土壌に固定する技術も実用化しています。この技術は離島振興の決定打となりますので沖縄や奄美の島々で取り組み始めています。今やEMは世界中に広がり、ブラジルでは30万ヘクタールの農地もあり、米国や中東や中国の広大な塩害地の問題も解決できますが、EMを通し人類の未来を開くということを理解させることは容易ではありません。日本人は量子的な発想ができますので、EMを国民のカルチャーにすることも可能です。要するに、他の国は利己的というか個人主義的になりすぎているんです。観音経の中に観音様が神様になるための最終試験の答案が示されています。これがとても大変で、「我が身を捨てて人を助くる」となっています。戦争で亡くなったときに2階級特進というのも、そういうところから来ています。現今は我が身を捨てて人を助けても犬死にだとか、ろくでもないみたいな話も出ますが、崇高な気持ちでそのような行動が起こると国民の大半が奮い立ってしまいます。そういうことは、日本の場合は潜在的な教養となっています。これは皇室のあり方が量子論的であり全部つながっているからです。

我が身を捨てて人を助くるというのはなかなか大変ですが、自分が社会にとって役に立つ存在ぐらいには何とかなれるんではないか、それならEMを使って見返りを求めないボランティアを通し、自らを磨き国民の資質を高めようという願いも込めて、我々はNPO活動を進めています。

その辺は、映画「蘇生」を海外で上映したとき、本当によく感じます。比嘉先生の生きる姿勢、U－ネットの皆さんが我が身を捨てて地球のために捧げている姿勢は、やはり人類にすごいメッセージを投げかけていると思いました。その姿を見せることが日本人の役割であると思うのです。

日本にしかできないと思うのです。欧米では、自分が一番になるという教育を小さいころから受けていますから、周りのことに目が行きづらいのです。でも日本人は常に周りの和を見ていますし、自然全体の和を見ている。日本語は大いなる宇宙とつながる言語ですので、その意味でも日本には大切な役割があると思うのです。

祝詞なんかまさにそうです。祝詞そのものが量子状態をつくる力があります。

七沢賢治さんがやっているロゴストロンも、重ね効果、共鳴効果がすごい。このようなことに詳しい岡本さんが私の目的達成のためロゴストロンをプレゼントするという話を江本勝さんの息子さんを通して打診されたのです。多分、江本さんは、比嘉先生はもらわないだろうと思っていたみたいですが、私が「ありがたくお受けします」と返事をしたため、江本さんはびっくりしたようでした。私は、祝詞や祈りの言葉の威力は知っていますので、これは粗末には扱えないと思い、役員会議室の一番大事なところにちゃんと社《やしろ》をつくって神道方式で奉斎しました。量子もつれで調べると、すばらしいエネルギーです。そうしたら、また岡本さんから連絡があり、「ロゴストロンは共鳴力が強いため2段にしたら更に効果がありますよ」と言ってもう一台寄贈してくれました。個人のレベルではかなり高価なものです。さらに多重にすればいいということもよく理解しており、重ねるほど共鳴効果がアップしますから、それは量子効果です。その後、EMの重力子の力を更に高めるために岡本さんにお世話してもらい、4台購入しました。EMが世界に広がり、地球を救う大変革が達成できますようにという立派な祝詞も作っていただきました。2台はEM飲料の工場に重ねて置いて、4台は本社のほうに四重に、両方がうまく共鳴するようにセットしエンドレスで祝詞を回しています。すると、ほかの人は知らないですが、量子力学的に見るとすごいパワーで、やっぱり七沢さんが言われていることは天の理とつながっていると感じました。要するに、ロゴストロンはコヒーレント状態を安定的に拡大しているということがわかったのです。それは言霊が量子的であるという証明ですが、神道行事とも合致しています。

すなわち、お祓いは心を1つにして量子の抵抗が起こらないようにする精神の準備です。柏手《かしわで》は、量子の世界へのスイッチです。祝詞は言霊を通し量子の世界を広げエネルギーを高めます。最後の柏手は、そのエネルギーを強化しスイッチをきるプロセスと考えて神社へ行くと御利益は倍加します。この仕組みは神楽や能楽にもあり、和歌や俳句でも日本語の言霊を感知することができます。皆がいる間に行われる中締めや終わりの締めにお手を拝借するのも、心を1つにするという量子効果が生まれます。したがって、七沢研究所の成果は、量子論からすれば100点満点、正にそのとおりです。皇室の祈りが重力波につながり、国の量子的水準を高め、コヒーレントを強化し、皇室や日本を意識する全国の神社仏閣や国民に共鳴する仕組みになっていることを理解すると同時に、日本語にそのような力があることも知る必要があります。したがって、このような神々の世界とつながっている民族でないと、EMの未来像のモデルはつくれない。EM技術が必然的に、日本の沖縄でその扉をあけてしまったのです。

本能や脳の働きの大半は量子機能に支えられています。したがっていかなる人生でも、自分は運が良くハッピーであると思える人は、量子の世界からポジティブなエネルギーを集めており、不幸のレベルの高い人は、ネガティブなエルギー集めているためです。まじないや、暗示も量子力学的背景を持っています。そのような見地からすれば、病気の大半は生活習慣病のように見えますが、量子力学的に見ると性格習慣病です。要は、利他に関する慈悲や愛や意識レベル等の想念の管理次第です。

# Part 9

# 既得権益と既成概念のどろ沼全部を無価値にしていく

## EMは特許を取得せず、人類全体の共有財産にする

　EM技術は私がすべて考えたわけではないんです。EMを使い、いいことがあるとすぐに公開するようにしていると、無限に近い情報が集まる仕組みになっています。その情報が真に社会や自然環境に役に立つように整理し、公開を繰り返しています。1人の研究者が、今のサイエンスの法則に従ってこの結果を得ようとすると、1万年たっても無理です。けれども、私の場合は、農業も、畜産も、水産も、人間の病気も、物理学や化学や超電伝導も、環境も生物多様性も環境問題等々全てにつながって量子的にやっていますから、みんな同時に潮が満ちてくるように動いてしまいます。量子力学は従来の学問のルールには従わない、れっきとしたニューサイエンスです。その無限の組み合わせから見ると、これまで人間のやってきたことはムダが多くて、むしろ有害です。エネルギーも量子力学的に整流すれば無限にあり、温暖化問題も起こらず、資源の争奪戦をする必要もありません。EM技術の建築物は管理の仕方で千年以上も使えますし、機器

や車も半永久的に使うことが可能です。すなわち、量子的な技術で対応すれば、従来の価値観は無価値になります。そういう意味で我々は無敵なのです。闘って勝って無敵ではなくて、相手が無価値になり、敵がいないのです。

通常は自分の技術を持つと、その技術に固執しやすいものですが、先生は公開して、情報も全てみんなに差し出して、それで逆に自分がその上を行く。

量子的考え方では、与えた分だけ重ね効果が強くなり、固執しなければ情報は無限に入ります。例えば特許だと相手に知られないように細工したり、それを守ろうとして進化がそこでとまるのです。それは何度も経験していますので、これはダメだと判断したのです。相手がそれをまねて特許を出したら、その相手の特許が無価値になるように、また上のほうでパンとやってしまえばいい。量子の世界は、意識や想念によってそのレベルが決まりますので、特許は出さないようになりました。そのかわり、みんなタダでやろう。量子の世界は何せタダ同然安くできるんですから。

普通の常識的な考えを持っている人は、特に経営者になると、タダでやるのはすごく勇気の要ることだと思うのですけれど、その辺はどういうふうに克服されたのですか。

ＥＭの性質上、これは独占するべきものではない。人類全体の共有財産として機能させるしかない。もともと自然界にあったもので、私がつくったわけではありません。そう考えると、自分が独占し、ＥＭのすごい可能性の芽を摘んでしまうようなことになったら、一生後悔するんじゃないか。世の中をよくしたいと思って自分はリーダーの道を選んだわけですから、私欲に駆られてリーダーの本質を忘れたら、生涯後悔しますよ。

例えばみんなが、我々が考えていた以上のことを考えて、本質的な問題が解決されれば我々もメデタシメデタシで、いいと思います。でも人間は神様に近づく進化の義務があり、その達成のために自然の無限なる知恵と無限なるエネルギーが必要です。そのような考えになれば、知恵は幾らでも湧き、敵対する相手も全部のみ込んで力にすることが可能です。

福島でのＥＭ技術の成果は、世界中の放射能対策に波及しますし、ＥＭの真価が問われているのです。要するに、この事故によって神への進化の強烈なテストを受けているのです。私自身がそういう認識を強く持っていますので、今は楽しくやっています。以前は政府にわからせようと思って必死になっていたんですが、今は福島県も、東京電力も、日本政府もやらないでいいです。全部我々が自力でやりますと宣言しています。

事実、放射能は簡単に消えるわけですし、最初にEMを使ったのは6グループだったんです。今は55グループになり加速し始めています。成果が挙がらなかったら、誰もついて来ません。EMの結界を作り、塩や炭を整流することで、広大な面積もボランティアのレベルで解決できる方法を確立しています。内心では、体制はできたなとは思っています。放射能対策の効率をよくしたいなら国家予算を使うことが一番いいんですが、すでに述べたいろいろな絡みがあり不可能です。ならば、国家の方針を無価値にするような結果を実行しようというのが「うつくしまEMパラダイス」の活動です。ガンや難病やiPS（多機能万能細胞）でも多大な予算を使っていますが、初めから病気にならないようにしてしまえば、ああいう技術は不要です。ことの本質を考えると、放射能対策や大型ゴミ焼却場や高額医療等々に膨大なカネをかける必要はなく、難病を無料で治したり、大金を使って作った技術を無価値にしていくことを道楽にし始めています。

いやあ、すごいな。私は、その先生の言葉にすごく勇気をもらうのです。相手が無価値になるくらいに価値を上げられれば、そうなりますね。同じ土俵から抜け出るわけで

すものね。今、社会を変えようと対立すればするほどうまくいかないので、そうじゃない別の次元に行く。

若いころの私は、正論を主張し、何度も大やけどをして、ひどい目に遭って、山ほどみじめな思いをしましたが、それも実力のうちと考えていました。そのため、現在の人間界のルールでは通用しないことがよくわかったのです。いくつかの著書にも書いたんですが、いいことを開発し、みんなに紹介したら、みんなが、世の中の役に立つように活用するだろうと思ったのに、いいとこ取りをされ、気がついてみたら、責任ばかり追及されて、既得権益と既成概念との際限ない闘いになっていたのです。何たることかと思ったのですが、おかげでいろんな勉強をさせられました。

先生が既得権益との闘いでものすごく苦しまれて、同じ土俵から抜け出るというふうに移行し始めたのは、いつごろ、どういうきっかけがあったのですか。

農薬中毒症や交通事故等々で50歳まで生きられないと、ある意味で死刑宣告を受けていたことです。頭もボヤッとするし、体もあちこち調子が悪く動かなくなる。若いうちにすごく実力があって注目されながらも、ある日突然死んじゃう人がいるじゃないです

か。自分もあの類いかと思ったこともあります。でも、何か違うんじゃないか。一生懸命やったのに天罰を食らうような、こんなマンガチックな話はないと思ったんです。

それは社会の習慣や仕組みでそうなっているわけですから、それを超える必要があります。そのうちに、自然が全てで、人間が考えることは全て自然の中にあることに気づいて、必然的に生命の最少単位である微生物を扱うようになった。同時に、いつの間にか自分の健康も回復して、50歳、60歳は悠々過ぎて、もう75歳になってしまった。今は過去の傷を全部治し、我が人生のなかで最も頭が良くなり、体調も申し分ありません。心筋梗塞も中国でやりました。軽い脳障害も多発し、絶対に認知症になるという血液検査の結果も経験しています。東日本大震災の1年前です。その後1年養生に気をつけ元気になったころに福島の事故が起こったのです。当初は長い階段を上がったりするとハアハアと肺や脳が苦しい感じでしたが、今はそういうこともなくなって、治らないと言われた大腿部のひどい複雑骨折も、首のむち打ち症、アキレス腱も回復し、100メートル全力疾走という気分にもなるぐらいよくなってきました。薬や何かで治ったわけではなくて、量子エネルギーで良くなったのです。

最も難しい脳幹出血の喜屋武《きゃん》（尚）君（EM研究機構社長）が回復すれば全て決まるので、毎週病院に行って、波動のレベルを上げるようにいろいろやっています。左目の瞳孔が開いて血圧や血糖値、腎臓にも大きな障害があり、専門医も合併症を考えると助かる見込みはないという判断でした。今は合併症の原因となるものはすべて正常化し、リハビリに入っています。右、左と言ったら反応しますから、もうちょっとだと思います。目力もついて顔の表情も戻っています。脳幹は、脳の深部の一番大事なところです。そこがひどくやられたわけですが、今オギャーと生まれて、ウーウーと言っているレベルから急速に回復し始めています。この量子エネルギー療法が成功すれば治せない病気はないことになります。

私は彼に「おまえは偉いよ。農業や環境や健康の問題を根本から解決し、地球を救う大変革を進めているEM研究機構の社長が僕の最良の実験材料になり、量子の研究を何年も前倒ししてくれた、おまけに僕まで若返らせ頭も良くしてくれた。最近、たくさんの難病の人々に、この量子エネルギー療法で手助けをしたら奇跡と言われるように、片っ端から良くなった。お前のお陰でたくさんの人達が救われたんだ」と言うと笑ったり

泣いたりするんです。

もう回復の方向ですね。

学生時代のかわいい笑い方をするんです。お母さんがびっくりしている。彼はスポーツマンで、すごく頭のいい学生だったんです。でも、使い過ぎて壊れる頭ですから、強くないんですよ。「これから量子エネルギーでちゃんと良くして、幾ら使っても壊れないような体と頭にする」と言ったら、また笑うんです。

宗教者の中にいろんな奇跡的な話がいっぱいありますね。ライ病がパッと治ったとか。これも整流されてそういうレベルが一瞬に上がれば治るといえます。相手の微生物がハイレベルで同調したと考えれば不思議ではありません。祈りの重ね効果を高めたり、修行の相乗効果の結果、そういう意識の力が向上し、量子的な波動につながったためといえます。したがって、その波動は横にいる人にも移って、その人もだんだんそれができるようになるのです。ただ、修行を怠ったり、想念の管理が悪いと消えていくわけですが、愛に基づく真の利他はその力を回復し強化することにもつながっています。

## EM国で神様に近づく努力をする

私は、輪廻《りんね》は量子レベル、重力波はその先にあるような感じがするのです。重力波のレベルは輪廻を超えたところの意識のエネルギーであると……。

これは宇宙全てを支配していて、すごく弱いのですが量子もつれによる量子コンピューターで全部連結されており、意識はそのコンピュータにつなぐスイッチの役割を果たしています。

過去の意識の記憶なども量子レベルでは残っている。

過去も全てが量子状態として畳み込まれていますので、本質的な解決には過去のゆがみもすべて清算せねばなりません。

その先に重力波がある。

そうです。重力波はすべてを正す力があり、それを引き出すには愛とか祈りとか、瞑想とか、相手を思う心とか慈悲に基づく、よき精神的エネルギーがスイッチになってい

て、コヒーレント状態を強化すると現実のものとなります。これを実用化するには、そのレベルにあった超伝導素子が必要です。それを説明するためにそれらしい素子を作って、省エネのため、EMホテルのコスタビスタとEM飲料の工場の6600ボルトと7500ボルト、合計18基のトランスにその素子を装着したのです。夕方になって、その戻り電流で、沖縄本島はすべて整流されたことに気がついたのです。それを隠すわけにもいかないので、その4日ぐらい後に、600人ぐらいのEM関係者の全国的な集まりがあったので、その件を伝え、これから沖縄で起こる奇跡の話をしました。電磁波が整流されるため、電気が明るくなり電気料が安くなる、冷蔵庫の食品が健康食に変わる、排気ガスもきれいになり、沖縄が癒やしの島になる等々です。1週間ぐらいで、確かにそういう予兆がでてきたのです。そうしたら、タイミングよく、船井メルマガで、会員制ですので問題は起こりません、大切な情報を書いてくださいという依頼がきたのです。しめしめと思い、大半はそれに書いてしまいました。そのタイトルは、何と「EM技術による地上天国創世記」です。それに対する質問は3年後に答えますと書きましたが、その2年半後、まだ早すぎたのですが、また原稿の依頼がきましたので、途中の検証結果を書いたのです。

未だ検証に時間が必要な部分もありますが、結果は百点満点です。これから沖縄は大げさに言うと、世界の聖地的な島に変わると断言しています。皆さんがそれを認めるようになれば、日本中タダでやってあげていいですよ、世界が納得するなら、世界中タダでやってあげますよ、と宣言しています。多分に信じてもらえないと思いますので、一応ユニバーサルビレッジのモデルをつくって、地上天国を創成したいと考えています。情報が十分に得られる現今で、食べる心配もなくて、病気になる心配もなくて、住む家も何もかも健康的でハッピーでお金がかからないなら、人間は何をするの。やっぱり神様に近づく楽しい努力しかないのです。その人の本質を磨いて、向上させて、しかも、それが全部相乗効果的に増幅しつながるのです。このようなことは、これまで宗教上の願望と思われていましたが、今ではできるという確信を持っています。そうなると、これまでの既成概念に立脚した宗教も、科学も、経済も、政治のシステムも全部無価値になってしまいます。

EM国は王様もいません。首相もいません。議員も不要です。ただ事務局が会費を徴収し、みんなのボランティア活動を支えるだけです。必要に応じて個々人が対応して、すべて自分の責任でハッピーになれるような形にすればいいのです。1人で無理な場合にはみんな協力してユニバーサルビレッジをつくればいいだけの話ですから、論議も闘いも不要です。

ことしに入って、3月のU－ネット（認定NPO地球環境共生ネットワーク）の総会のときに、今からEM国を始めますからという宣言をしました。仕組みはできてしまいましたので、あとは物理学的、電子工学的にきちっと説明できる人が必要だと思っていると、諏訪東京理科大学教授の奈良松範《まつのり》先生が、定年退職を待たずに来てくれたのです。これまでのEM技術の再現性、持続性をチェックし、アドバイスしてくれています。彼は量子力学の理解は私以上のものがあり、私の説明もしっかりと受け止め、更に発展させる方法も提案してくれます。しかも、環境経済学や学際をつなぐ力に秀でています。彼の力を借りて、従来の良さもすべて取り入れた自立的で完璧な善循環の自給自足ができるモデルを作り、使った水も何もかも全部循環させ、しかも、循環するたびごとに機能が上がるという、量子力学的なユニバーサルビレッジを実現する準備を進めています。

森さんは去年沖縄においでになったわけですが、この1年の進化を見たら卒倒するんじゃないかと思いますよ（笑）。あのころ、まあまあ、いい方向ができてきたなというときでしたが、今は、あのときの比ではありません。

私も3度、先生の青空宮殿に行かせていただきましたけれど、最初のときと2度目3度目は全然違いましたから、またさらに進化されているということですね。整流のレベルが上がっているということですか。

あのころに比べたら、今は周波数で言えば1000万倍以上です。皆さん、もう1回来てください。

先ほど森先生が、自分は放射能の問題を前世で味わって、それをもう二度と味わいたくないから、地球がきれいでいてほしいとおっしゃっていたのですけれど、私も似たような感覚を持っています。私は地球が津波によって崩壊していく記憶があるのです。それは恐らくレムリアの記憶だと思うのですけれど、その記憶があるから、人類が二度とそういう方向に向かってほしくないという強烈な気持ちが起きるのです。人類を何とかいい方向に向かわせるためにはどうすればいいのか、常日ごろずっと考えていて、私は

それに従って行動してきているのです。今日、比嘉先生と森先生のお話を伺って、人類が向かっていくのはまさしく自給自足のビレッジで、お互い分かち合って、捧げ合って、見返りを求めずにかかわり合って、全ての生命がお互いに愛し合って、いとしく思い合うべきだと、改めて感じました。

我々が愛に満ちてくると、それだけ重力波が出て、根源に近い高い波動になってくるので、それ自体が地域を変えていくし、地球を変えていく。ここに生きとし生けるものに対して、大きな、いい影響が生まれていくと思うのです。

比嘉先生がおっしゃっていたとおり、今の世の中はまさしく「勝ち負けと競争と損得」の社会なので、経済的なルール、あるいは価値観、損得に囚われ相手と対峙する考え方に同調してしまいがちです。そして人間本来の道筋が見えなくなり解決の見通しが見えなくなってしまいます。対立も深くなるし、不信も余計に深くなるし、恐怖心に満ちていきます。しかし、その相手と対峙する世界ではなくて、愛に満たされて、見返りを求めずに捧げていく、情報も公開する。自分の持っているものを差し出していけば、やがてもっと力強くなってくるし、上に行くことができる。まさしく比嘉先生はそういう生き方でここまでやってこられた。先生は以前から「この上左衛門《ざえもん》」とおっしゃっている。同じ土俵で対峙するのではなく次元を1つ上に、この上の左衛門になっていくとおっしゃっています。それを私も目指したいと思いました。

人類が今のエントロピー崩壊の方向ではなくて、まず自らを蘇生させて、地球を蘇生させていく方向に向かうこと、そして生活と生き方を高めていくことが求められていると思うのです。まさに愛ある生き方、見返りを求めずに全てを愛しく思う気持ちが微生物や生き物に影響するし、それが地球を救っていくことになると思うのです。

# 第3部

# 只今進行中！「ふくしまEMパラダイス」プロジェクト

「健康生活宣言」（第29号　2017年4月発行）より転載

# 2011年 タイ洪水から学ぶこと

日本で東日本大震災があった2011年の6月末には、雨季のタイ北部で洪水が発生し、3ヶ月以上にわたってチェンマイ県からチャオプラヤー川流域の支流に存在する中部のバンコクまで、58県、600万ヘクタール以上の地域が浸水しました。地域一帯が長期にわたり浸水し、タイの国民は足元を汚水に浸しながらの生活を送りました。その非常事態に、タイでは陸軍の主導でEMによる衛生対策および二次災害（感染症）対策が行われました。当時、タイ陸軍に協力し、現地で対応に当たったEMROアジア（株）の小正路《こしょうじ》徹《とおる》さんにインタビューし、タイ洪水から学び今後に役立つことを教えていただきました。

## 水は道路や玄関から入ってくるのではない

洪水（水害）に関して言えることは、水は道路や玄関から入ってくるのではないということです。例えば、家の周りに排水溝があれば、排水管からどんどんと水が家の中に侵入してきます。トイレの水位を超える浸水の場合、トイレから汚水が逆流してくることになります。

## 水害時の明暗を分けるのは、水の腐敗

水害時の明暗を分けるのは、水の腐敗です。水が腐ると、強い悪臭が発生しますし、庭の植物もダメになる確率が高くなります。水が引いて乾燥する途中で、家屋にカビが発生するなど、二次被害も起こります。日頃からEMを使用していて、水が腐らない環境であれば、水害後の復旧も楽になります。また、生ごみ（有機物）の状態も重要です。生ごみをビニール袋で密閉していると、すぐに悪臭を発するようになります。もし普段から生ごみをEMで発酵処理していれば、腐るものが少ないので悪臭を防げます。普段からEMを使用していない場合でも、水害時の水にEMを入れると、水が腐りにくくなりますし、その後の掃除がしやすくなりますので、とにかくまずはEMを使ってみることです。

また、水害後のゴミの量というとすごいもので、集積場所の悪臭問題が起こります。日本でも夏ならすぐに悪臭を発し、ハエ、ゴキブリ、ネズミの発生源になるでしょう。このような場所に、できるだけEMを散布できれば悪臭やハエなどの発生が抑えられます。

タイ陸軍主導で、EM 活性液を培養・運送し、水害地域に散布することにより、悪臭などの衛生環境の改善と感染症などの健康被害の拡大を防いだ

## EMの良いところは誰でも扱えること

災害の時は、生活基盤の復旧という目的でみんなの気持ちが一致しますよね。そんな時、EMの良いところは誰でも扱えることです。例えば、洪水の後に消毒のために消石灰を撒いてもいいわけですが、消石灰は水に溶けると強いアルカリ性となって危険なので、取扱いに注意が必要になります。EMは自然なものなので、人の健康にも環境にも問題ありませんから、地域のいろんな人が協力して取り組めます。そうすると水害の後始末が終わった後には、自然と地域の人のつながりが深まっていますよね。そういう意味で、EMは笑顔のまちづくりにも役立つ資材です。

**小正路《こしょうじ》 徹《とおる》 さん**
EMROアジア（株） マネージング ダイレクター
タイ国内で EM の製造販売を行っている。
2011 年の洪水の際には、タイ陸軍内でのEMの大量培養・供給の体制作りに協力した

# 東日本大震災から6年 巨大津波のあとで 私たちが得たもの

2011年（平成23年）3月11日に東北地方太平洋沖で発生したマグニチュード9.0、最大震度7という巨大地震は、高さ10メートルを超える巨大津波を生み出しました。東北地方から関東地方の太平洋沿岸部に壊滅的な被害をもたらし、さらには福島第一原発事故を引き起こしました。この未曾有の震災被害に正面から向き合ってきた皆さんに、この6年間について伺いました。

仲むつまじい足利さんご夫婦。英紀さん（右）の元気を支えるのは妻の和子さん（左）

# 震災で何もかもなくしたけど、私は最高に幸せ。

足利 英紀《ひでのり》さん
【三陸ＥＭ研究会 代表／理想産業（有）代表取締役　宮城県気仙沼市】

## 気仙沼の美しい海が心の故郷

私の出身は岩手県で、小学５年生で室根《むろね》山に登ったんです。山頂にたどり着くと気仙沼のきれいな内湾が目に飛び込んできた。そして、その年に遠足で気仙沼湾に行きました。おんぼろバスに乗って。山育ちの人間は海に憧れて育つんですよ。船に乗ると海底の白い砂が見え、これが海かと感動した。そういう思い出があるんです。

縁あって、昭和48年に気仙沼市に来て結婚しました。その当時は海の汚染が進んで悪臭もした。家内に「海をきれいにしたい」と言うと、「あなた馬鹿じゃないの」という返事。環境保全なんて気にする時代じゃなかった。それから40歳を過ぎた頃、大病をして生き延びて、家内から「好きなことやっていいよ」と言われました。それじゃあ、気仙沼の海を子どもの頃に見たようなきれいな海にしようと、理念を作り、いろんな組織を作って取り組んで来ました。

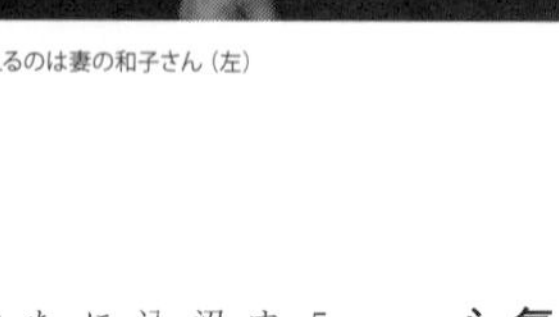
小学５年生の頃に足利さんが書いた絵。こんな美しい里山と海のある気仙沼の町への夢と憧れが、足利さんの海をきれいにする活動の原点。この絵の原本は津波で流されてしまったが、他の人の手元に残っていたものを土台にして復元できた

1. 足利さんのお店と自宅があった場所（気仙沼市南町）。海岸のすぐそばにあり、津波で何もかも流された
2. お店と自宅の跡地は、6年経った現在も土嚢が積まれた状態。区画整理後、2020年頃までには新たな店舗が建設できる予定
3. 足利さんは、愛耕幼稚園で1998年から環境学習のEMの先生として親しまれている。毎年園児たちの一人一人の心の中にEMへの興味の火をつけている。子どもたちに感動を覚えさせ、夢を抱かせる話しをしながら、自然から学べる子どもを育てている
4. 2017年3月から現在の自宅の駐車場に仮設店舗を設置。2020年の店舗再建まで、ここを拠点に活動していく予定。自宅駐車場に設置した仮設店舗。撮影時は、まだ準備はこれからという段階でした

EMエコショップ 理想産業（有）
連絡先／Tel & Fax. 0226-24-2142
足利さん携帯 090-7935-9042

## 大津波が持ち去ることのできなかったもの

津波で自宅も店舗も何もかもなくなり、私は「何もない、もうダメだ」って、ひどく落ち込んでいました。震災後3～4日して、家内が「好きなボランティア、好きな学校教育があるでしょ」って毎日励ますんですよ。女の人は強いですよ。子どもの頃からの夢を追いかけているアホみたいな男と結婚しちゃったからね、仕方ないですよ。

そして、どうしようかと悩んでいた10日目くらいの夜、夢の中で、比嘉照夫先生が大きな銅像みたいにして、小さな私をぐわーって睨んでいるんです。それで、ぱっと目を覚ましたら夜中の3時。「何かやらなきゃダメだ！」と、そのまま計画表を書き始めました。騒然としている時代にEMで何をやるか。最終的なゴールまでの計画表はあっという間に出来上がりました。私は若い頃に経営学を少しばかり学び、松下幸之助の薫陶《くんとう》を受けましたから。

## EMの経験と千年に一度の試練で

私は実践家です。自分で考えて、自分で試験して、失敗して、体で覚える。震災の前にいろんなEM活性液を作って実践していました。基本のEM活性液を1,000種類くらいは作ることができます。応用編は更にあります。味噌作りも、パン作りも、米作りも、野菜作りも全部自分でやってみました。

気仙沼からハワイの方までマグロを取りに行く遠洋漁業の船の中で船員が亡くなると、船が港に帰って来てからお葬式をするんです。そういう時の死臭対策もEMでやった経験があり、サメやイカや、この町特有の水産加工廃棄物の悪臭対策もやってきた。実践経験がなければ震災の時の死体や魚の腐敗、汚泥や重油の複合汚染に対応することはできませんでした。普通のEMではこれほどの悪臭は消せません。普段の経験・体験の蓄積があると、ひらめきも生まれて、応用が効くようになります。

微生物の世界は奥が深いですから、謙虚にやらなければなりません。謙虚に。EM活性液を仕込み終わった時には必ずお祈りをします。そうするとEMの力が20倍にも30倍にもなる、それが微生物の世界です。

**千年に一度の自然災害。私はこの試練に立ち向かう術を知っていた。ラッキー！** 震災で何もかもなくしたけど、私は最高に幸せです。EMに出会っていたから、少しでも世の中の役に立つ体験をした。こんな幸せなことはないですね。

震災で亡くなった仲間がたくさんいます。農家をやっていた人は家も田んぼも何もない。みんなまずは自分たちの生活を立て直すのが優先だから、EMのボランティア活動などは焦らないでじっくりやっていこうと思います。

### 失ったもの、得たもの

**【失ったもの】**
家、店舗、EMの実験資料、活動グループの仲間（震災死）、EMのボランティアの取り組み、仲間の家や田畑

**【残ったもの】**
EMの実践経験、幼稚園・小学校での環境教育の成果

**【得たもの】**
千年に一度の未曾有の自然災害で、EMで地域の役に立つ体験。明るく「A」、楽しく「T」、前向きに「M」の生き方。略して「ATM」が足利さんの標語

岩手コンポスト（株）が手掛けた「よりそい花プロジェクト」のガーデン。土壌には災害廃棄物の流木がリサイクルされ、敷き詰められた

# 荒れ地に花を咲かせる、いのちを育む土をつくる

菅原 萬一 さん 【岩手コンポスト株式会社 代表取締役専務 岩手県花巻市】

岩手コンポスト株式会社は、EMを活用した独自システムで岩手県内の木屑などの産業廃棄物を発酵処理し、リサイクル資材の製造・販売や農産物の生産を行っています。1993年に会社を立ち上げた折に、菅原さんがEMの講演会に参加したことがきっかけとなり、し尿処理事業の悪臭対策にEMの活用を始めました。

岩手コンポスト（株）が処理を手掛けた土地は土がふかふかで、一歩踏み出すごとにクッションのような感触が足裏に伝わります。震災当時、廃棄物が散乱して塩害が起こった荒れ地でも、花々が誇らしく咲きました。

## 大津波で押し流され、壊され、残ったもの

2011年3月11日に発生した震災で、花巻市内は震度6弱、岩手県内全域でも震度4以上を観測しました。宮城県と岩手県内では震災により、海産物保冷庫が崩壊し、保管してあった魚介類からの悪臭や津波で流れ着いた木屑などの災害廃棄物の処理が問題となりました。岩手コンポスト(株)では、2万トンの腐敗してしまった魚と3万トンの流木の粉砕処理で県の震災復興に協力をしています。岩手県大船渡市では、魚の悪臭がひどく、その場所からすぐに立ち去りたくなるほど。現地

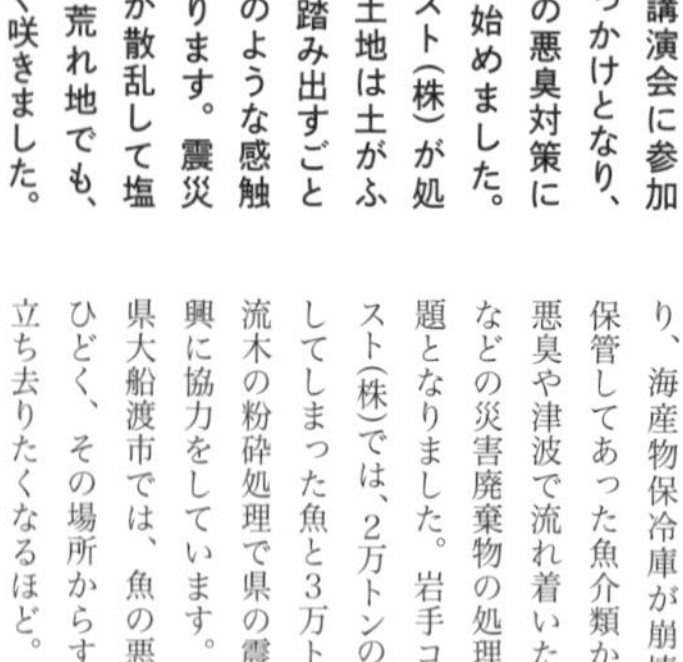

EM栽培の田んぼの前にて。「EMの米は酸化しにくいから味が落ちにくい。取り組むものはしっかりと取り組まないと答えはでない。だからEMの効果を実感することができた」と菅原さん

3｜1
4｜2

1. 岩手コンポスト㈱の本社
2. EM活性液を一度に3トン培養できる機器。自社では農場と資材を製造するため、1日に2トンEM活性液を使用
3. 流木をチップ状に加工して自社農場の土壌に施用。EM活性液をさらに投入することにより、山の土ようにふかふかの土に
4. 除草剤、農薬散布を70%減らした自社栽培のふじ。岩手コンポスト㈱では1.3ヘクタールのりんご農園を持っています

下／森の前地区の「よりそい花プロジェクト」のガーデンで開催された交流会の様子。花を育てることで人の想いも輝きを増した

の人々はもうこんなところでは住めないと、話し合っていました。

　腐敗した魚の処理では、3トン培養器で作ったEM活性液と、EMでし尿汚泥を発酵させた自社商品の肥料「コスモグリーン」を使用しました。コスモグリーンで魚と土をサンドイッチ状にして、EM活性液をかけ、埋設処理をしたところ、悪臭は消えて行きました。それ以降は後処理もなく1年ほどで腐敗した魚は分解されました。このことから、岩手県からEMには効果があると認められたそうです。

　震災で家族を亡くした多くの人のために花を植えて弔いたいと行政から話をもらった菅原さん。「私はもともと困っている人がいると、ついつい声をかけてしまう性格なので、この話もすぐに受けたんです。」取引先の種苗会社から花の種を無償提供してもらい、津波が運んできた3万トンの流木をチップ状にして、土壌に敷き詰める提案をしました。作業が始まった当初は、流木を回収するために30立米積載できる大型トラック5台を会社のある花巻市から陸前高田市まで走らせ、朝6時から夕方5時まで1日2往復しなければ処理が間に合わないほどでした。

## 流木をリサイクルして土へ還す 花を見て癒される心

　チップ状に加工された流木の活用先の一つには、2011年4月から開始された北陸学院大学の学生を中心としたボランティアの方々が行った、陸前高田市の森の前地区での「よりそい花プロジェクト」があります。施工先では、ヤグルマギクなど切り花として楽しむ背の高い花を植えたガーデンを造り、地域の方々とボランティアの学生とが、食事会を通して、心安らぐ交流を図りました。現場は津波によって、土地が海水に浸かってしまい花を植えても育たないと思われていましたが、チップやEM活性液を使用することにより、ガーデンの花々は見事に咲きました。残念ながら、このガーデンは復興に伴うかさ上げ工事で埋設されてなくなりましたが、ボランティアの方々の心には交流を通して生まれた忘れることのできない想いを残しています。

　約6年経過した現在、3万トンあった流木の処理はようやく終わりました。大津波がもたらした流木は微生物の力で新しいいのちを育む土へと姿を変え、土地を豊かにしています。

の伊豆沼（2017年1月）を背に。平野さん（中央）と地元で一緒に
Mの実践活動をしている三浦さん（左）、三塚さん（右）。

# EMで土も人も元気になり、地域の発展につながることを目指して

平野 勝洋 さん 【SPC JAPAN地球環境部所属／NPO法人地球環境保全ネットワーク 代表 宮城県栗原市】

2010年、地元の伊豆沼の浄化活動から始まり、翌年の大震災で自らも被災しながら被災地にEM活性液を届けるため5トンのタンクローリーで走り回った平野さん。これまでの活動やこれからの夢を伺いました。

## EMとの出会い 悪臭とヘドロが2ケ月で消えた！

宮城県栗原市を中心に、同県内で理美容院を多店舗経営している平野さんがEMを知ったのは、所属する理美容団体「SPC《エスピーシー》 JAPAN《ジャパン》」の全国大会での比嘉照夫教授の講演でした。

常から地域のためになることをしようという想いを強く持っていた平野さんは、地元の伊豆沼をEMで浄化しようと思い立ち、栗原市の自然環境を蘇生・浄化・保全することを主な目的としたNPO法人地球環境保全ネットワークを立ち上げました。伊豆沼はラムサール条約の条約湿地に指定された貴重な沼ですが、当時は生活排水などの影響でヘドロが溜まり、悪臭のする「日本一汚い沼」となっていました。

東京ドーム62個分の面積がある広大な沼の浄化。比嘉教授からは1トンタンクを6基フル活用すれば3ヵ月できれいになると言われ、平野さんはすぐに機材を導入しました。早速培養を始め、伊豆沼に注ぐ照越《てるこし》川からEM活性液の投入を続けたところ、わずか2ケ月後には結果が出ました。投入量は2ケ月間で合計36トン。悪臭とヘドロが消えて元の砂地が現れ、明らかな変化を目の当たりにして、平野さんはEMの効果に確信を得ました。

## 東日本大震災から私たちが得たもの　宮城県 平野 勝洋 さん

2011年7月。5トンのタンクローリーと共に被災地に駆けつけた平野さんとSPCボランティアの皆さん

左／2017年1月の伊豆沼。白鳥をはじめ多くの渡り鳥が越冬のために飛来する
右／2016年5月の様子。砂地が現れ、水も澄んでいる。今も定期的にEM活性液を投入している。夏の間に沼の9割近い面積を覆い尽くす蓮が冬には枯れて沼底や岸に堆積する。加えて、沼には生活排水も流入し続けているが、EM活性液の投入を始める前のようなヘドロや悪臭の発生はない。波風がある日には一時的に濁るが、一年を通して水も澄んだ状態になっている

地元の稲作でもEMを使ってもらいたいと考えましたが、地域の農家の田んぼは一区画20反あり、必要なEM活性液は一区画だけで8トン。「使って欲しいと思うなら、十分に届けられる手段を先に持たねば」と考えた平野さんは、中古で5トンのタンクローリーを購入。お陰で水質浄化などの活動もしやすくなりました。それが、大震災の前年の10月でした。

### 被災地にEMを届けるために…縦横に走った平野さんとタンクローリー

冬に向かう時期だったので、タンクローリーで田んぼにEM活性液を配ることのないまま大震災が起こりました。

「運ぶ手段がなければどうしようもなかった。5トンを運ぶ手段があったから、どこへでも行けた。」培養したEM活性液をタンクローリーに積んで、「EMの力が必要だ。届けなければ」と、津波被害でヘドロや悪臭対策が必要な沿岸部、福島県の飯舘《いいたて》村など、どこへでも駆けつけました。

当初は一人で運んでいましたが、途中から現地や遠方から集まったボランティアのSPC会員や、(株)EM研究機構などとも合流して活動しました。

EMが必要だと依頼があれば、全て引き受けました。口づてや情報誌に載った連絡先を見た全く知らない人からも連絡が来るようになり、沿岸部の悪臭対策が収まってくると、その他の地域でも散布してほしいという依頼が増えました。田んぼ、畑、民家など、地元栗原市にはもちろん、宮城県内の多数の小学校のプールへの投入や、片道5時間の福島県南相馬市のお寺などへも散布に通いました。その頃には地元でも平野さんの身近にはEMを活用して良さを実感した仲間ができ、共に活動するようになっていました。

### 地域を愛する仲間と共に

震災当時から変わらず、今も依頼があればどこへでもEM活性液を運んでいきます。今では平野さんが立ち上げたNPO法人地球環境保全ネットワークに集う多くの仲間がいます。

取材当日に平野さんと共に伊豆沼を案内して下さった三浦さんと三塚さんもその仲間。三浦さんは5年ほど前から、田んぼやプールへのEM活性液の投入や遠方での活動など、平野さんに同行するうちに、本業の建築業の傍らで営んでいる稲作や牛の繁殖にも活用するようになりました。

看板を作って、NPO法人環境保全ネットワークの活動をアピールしています！

上／現在のＥＭ活性液投入の様子。タンクローリーの引退後はこの軽ワゴン車で運んでいる
下／学校のプールへＥＭ活性液を投入する様子

ＥＭ活性液を投入した田んぼでは収穫量も味も上がり、畜舎の臭気対策はもちろん、牛の飲み水やエサにも入れて与えたところ、子牛の体調管理がしやすく、健康で良い子牛が育つようになり、効果を実感しています。

三塚さんは栗原市の施設で掲示されていた平野さん達の活動報告を見て、「ＥＭを知りたい！」と勉強会に参加。生活にＥＭを取り入れ、毎月の集会には必ず参加しています。

ＥＭの活用を楽しみ、「地域の活性化にできることはないか？」と、同じ想いを持つ仲間同士で語り合える場があることが、会員の活力源になっています。

各地にＥＭ活性液を運び続け活躍したタンクローリーは、２０１５年の秋にタンクの劣化でその役目を終えました。その後は軽ワゴン車を使っていますが、一度に３８０リットルまでしか運べず、やはり不便なので、再び大量に運べるようにと、近々2トントラックの導入を検討しています。1トンタンクも45基に増え、いつも豊富にＥＭ活性液を培養しています。伊豆沼にも引き続き毎月投入を行い、栗原市や近隣の市の学校50校近くから依頼を受け、春から夏にかけてＥＭ活性液をプールに投入しています。その他、やってみたいという人がいればＥＭ活性液を提供し、毎年7月の海の日には東北地方のＳＰＣ会員や仙台のＥＭ愛好会などにも呼びかけ、集まって伊豆沼でＥＭ活性液を投入するなど、平野さんの精力的な活動は多岐に渡ります。

## 土も人も地域も、よりよく元気になることを願って

また、ＥＭを活用した家庭菜園を作って無農薬栽培をし、ＥＭ育ちの作物を食べ、その良さを実感しています。

「ＥＭ育ちの米や野菜は、とにかくおいしい。おいしくて元気になる。」

平野さんは更なる夢に向け、情熱を燃やしています。

「ＥＭで水や土を良くすれば、人もよくなる。地域全体も良くなる！」と、浄化や普及活動に加えて市民農園を開園することを考え、準備を進めています。順調に行けば、この春には開園の予定。「たとえばリタイアして第二の人生を送っている人たち皆、この市民農園に来てＥＭで農業をやってほしい。畑に必要なＥＭ活性液はここで十分に作っているから。」農場でいい空気を吸って自分たちで作った野菜を食べれば、人はもっと元気になる。水も土も良くなり、「栗原で採れた農産物は安全で美味しい！」という評判が広がっていけば、地方から素晴らしいものを発信できる。それができるのがＥＭだと平野さんは考えています。

定期的に市の集会所を借りて開催している初心者向けのＥＭ勉強会も、参加者がここ最近ぐっと増えてきました。「多くの人がＥＭの良さに気が付き、活用してほしい。」平野さんの想いは、一つずつ、しっかりと実を結んでいます。

# 原発事故に向き合い、未来を切り開く人々

福島第一原発から20㎞圏内・30㎞圏内と、
その近隣市町村に暮らす皆さんを訪ねました。
原発事故から6年経った今、
ずっと変わらない想いや努力があり、
そこから新たに生まれる想いや生き方があります。

# 食と農を結ぶマクタメソッド《マクタ方式》！

幕田 武広 さん 【マクタアメニティ株式会社 代表取締役 福島県伊達市・福島市】

大震災から約6年、以前より生産者や有機農産物と向き合ってこられた幕田さんは、「食と農」のあり方・向き合い方を日々考えてきました。

微生物には優れた力があり、土を豊かにし、人を健康にする農作物を与えてくれることは生産者の皆さんも共感していますが、幕田さんは「体系化した技術・システム」の不足がEM農業の広がりの妨げになってしまっているとも考えています。この現実を見据える考えの中には、とても強い想いを感じます。

マクタアメニティ(株)が進めている福島県の生産流通システムは、以前から「マクタメソッド（マクタ方式）」と呼ばれるようになり、たくさんの生産者の信頼を集めています。これは、誰がどこで生産しても一定の基準の品質を満たした農産物が栽培できる技術体系が作り込まれているものです。食品残さや畜産廃棄物（家畜糞尿など）を回収して微生物を活用した肥料・飼料化や堆肥化を行うバイオマスプラントや、これらの製品を活用し、有機循環・土壌管理を徹底した生産から流通までの情報管理・提供をシステム化しています。

震災以降行っている放射能検査についても、検査基準は以前と変わる事なく「1Bq／kg未満」としています。流通・販売する農産物がこの基準値を満たしていることは、すでに当たり前になっているものの、「福島県産」と言うだけで農産物が敬遠されたり、市場で買いたたかれたりしているのが現状です。そのため農産物の販売はそれぞれの生産者の自主販売（道の駅や直売など）が大多数です。

この現状を皆さんはどうお感じになりますか？

福島県にはたくさんの生産者がいて、それぞれ異なる想いはありますが、農産物を作る姿勢には「自分自身だけではなく子どもや孫に食べさせてあげたい」という共通した想いがあります。そうして大切に育てた農産物は本当に美味しい。幕田さんは、そんな農産物が生産できる環境を整えるため、事業の再生を目指しています。

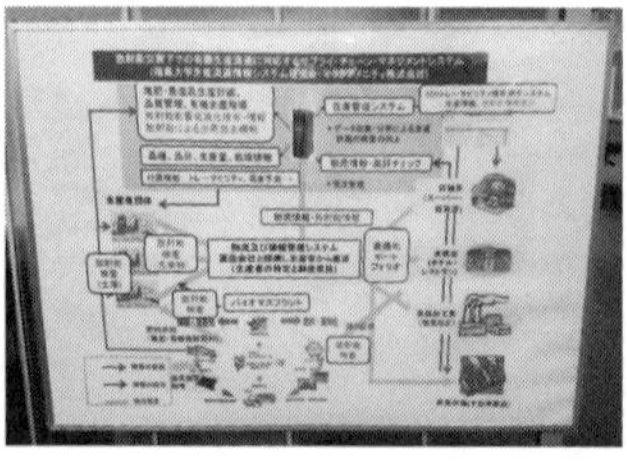

マクタメソッドと呼ばれるようになった、農産物の生産から流通販売までを総合的に管理するシステム（サプライ・チェーン・マネジメントシステム）の構図。福島市内の公共施設に展示されています

# 異なる農業の形を持つ生産者の想いを伺いました

## "個人農家"から"株式会社"へ、福島県の美味しさを届けたい!

もともと個人農家を営んでいた蓬《よもぎ》田《だ》さんは、10年前に「株式会社 蓬田」を立ち上げました。これまで慣行栽培を続けていましたが、同じ農産物を栽培するなら特色を出したいとの想いがありました。

大震災の後に幕田さんと出会い、栽培や流通の課題解決の話し合いを重ねました。六次産業化の推進の取り組みとして「米麺」の販売や、3年前からは本格的にEM栽培に取り組み始め、水田の全栽培面積50ヘクタールの内、まずは80アールからスタートしました。

EMを活用した有機での栽培は増収を見込んだものではなく、食や環境への安全安心の形で特色を持った農産物を栽培したかったからです。

今では、稲は節が強く育ち、お米は艶が出るようになり、桃では葉や果実の着色がとても良くなるといった結果が生まれました。

マクタアメニティ(株)の栽培指導を受け、専用堆肥の使用を全面積へ拡大途中です。桃畑には土の表面へ散布し、水田には稲わらと一緒にすき込んで春には有機肥料を撒くだけ。化学肥料を一切使用せずに栽培することを徹底しています。

「決まった流通経路での販売だけに頼らずに自分の会社で販売の拡大を進めて、本当に美味しい福島県の農産物を色んな商品の形でよりたくさんの方に伝えていきたい」と、未来へ向けた想いをお話しくださいました。

上／(株) 蓬田 代表取締役 蓬田定雄さん(右)と息子の蓬田定則さん(左)
下／収穫したばかりの新米の販売準備が黙々と進められています!

## 土に触れる喜びで繋がるコミュニティ!

お伺いしたのは市民農園。とても楽しそうなたくさんの声が聞こえます。まるで収穫祭を行っているかのように明るく賑やかです。

9年前に開園した「わくわく農業クラブ」は、会長の佐藤和幸さんが一人でスタートさせ、ご近所からの参加者を募っていました。EMを活用し、化学的なものを使わない循環型農業にこだわり、少しずつ農地を広げていきました。そんな佐藤さんの背中を見て、「楽しく家庭菜園をしたい」「安全な農作物の栽培を学びたい」との想いを持つ方々が集まりました。

幕田さんから栽培などの指導と、品質が安定した資材(肥料など)の購入をして、元気な野菜や花を育てています。

会員の中嶋さんは、元札幌市議で自然農法と購入システムに取り組んでいました。この時も「福島の幕田」の評判を聞いていたそうです。震災後にご実家のある福島県に戻ってくることになり、クラブの美味しい野菜に感動して参加を決意しました。

「毎日来ることはできないけれど、本当に美味しい野菜や綺麗な花を育てることができる。今では畑に通うことが楽しくてしかたがない!」とあふれる笑顔でお話しくださいました。

現在では、年間約１００種類もの野菜や花を育て、福島県外を含めて5か所のマルシェ(市場)にも出店販売をしています。「一番の目的は、自分たちで土に触れて栽培を楽しんで、安心して美味しい野菜を食べる喜びを感じること」と佐藤さん。クラブの皆さんも同じように楽しみながら、今日も畑に通います。

わくわく農業クラブの皆さん。会長の佐藤和幸さん(左から2人目)、中嶋和子さん(右端)

所々に設置している、わくわく農業クラブの看板。この手作り感もわくわくしてきます!

# 明るい未来へ繋ぐ努力と揺るがない原動力

瀧澤 昇司 さん 【瀧澤牧場 福島県南相馬市】

瀧澤牧場 瀧澤昇司さん。
笑顔のたえない明るい方です！

穏やかな気候と緑あふれる風景に囲まれた土地で、街の雑踏からは遠く離れて落ち着いた時間が流れています。瀧澤牧場はこの土地で、乳牛の飼育や稲作、牧草の栽培をしています。

震災直後は牛の世話をするために避難をせずに残り、仲間の酪農家の牛の世話もしていました。放射性物質の飛散が叫ばれる中で、安全な牛乳を出荷できるようにするため、牛が食べる牧草の品質管理や、牛が元気に生きていける環境作りに取り組みました。試行錯誤の中、安全な牛乳を搾れるようにするには、光合成細菌の活用が有効であるという情報にたどり着きました。この光合成細菌を大量に使用するために、(株)EM研究機構から紹介があったEMに取り組み始めました。現在では、乳牛全頭の飼育の他に田畑にもEMを活用しています。

## 牧場でのEMの取り組み

飼育している乳牛にあたえる混合飼料（TMR）にはEM活性液を活用して発酵飼料にして食べさせ、サイレージ（発酵飼料）の製造時にもEM活性液を活用しています。また、畜舎内にもEM活性液を散布するなど、牛たちが常にEMと共に生活する環境作りをしています。また、堆肥舎の堆肥の上へEM活性液を定期的に散布し、浸み出した液肥が流れ込む液肥漕へもEM活性液を直接流し込みます。これを続けたことにより、堆肥舎の悪臭やハエが激減し、堆肥の固液分離も速くなりました。

液肥漕は約27トンの容量が入る構造になっていて、常に液肥が溜めてあります。液肥

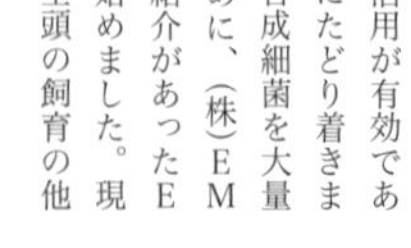
活性液入りの発酵混合飼料（TMR）
布中。牛たちはもくもくと食べます（笑）

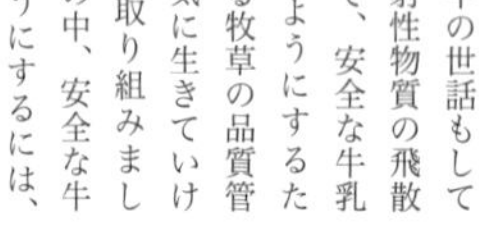
サイレージ（発酵飼料）にはEM活性液が
たっぷり！ 発酵の匂いが牛舎に広がります

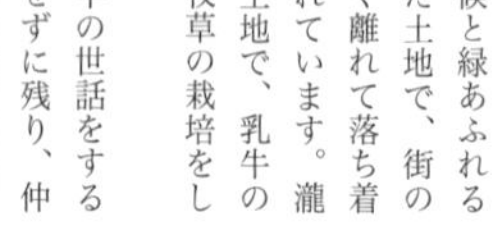
ＥＭ活性液を敷き藁へ散布します。
牛が嫌がる気配もなく、尻尾を振ります

上／温度管理を徹底したタンク 2 基には、常に使用できる EM 活性液が入っています
下／堆肥舎へＥＭ活性液を散布した様子。ハエもいなければ臭いもなく、良い堆肥ができています

瀧澤さんがＥＭ栽培する土地の航空写真。白いサイレージのある土地が目印

を牧草地へ撒くために、直接汲み上げることもありますが、EMが入っていることで悪臭がないため、苦なく作業ができます。

現在、乳牛を36頭飼育しています。酪農において悩みの種でありしばしば発生するのが牛の乳房炎。しかし、瀧澤牧場では乳房炎が起こりません。EMで育つ牛たちはとても穏やかで愛嬌あふれていて、見ているこちらもニコニコと笑顔になれました。

## 圃場へのEM活用

現在、圃場の面積は全体で40ヘクタール。その内の約20ヘクタールは、EM活性液で発酵させた畜産堆肥と稲わら、およびEM活性液を使用した循環型農法です。稲作は約8ヘクタール、牧草は約11ヘクタールを栽培しています。

畜産堆肥は年間で換算すると、10アールあたりに1トン半～3トンほどを施肥します。タイミングや圃場によって異なりますが、28年度実績では、最大3.3トンでした。

EMを活用している圃場では、牧草や稲は病気にかかることもなくなり、自慢の美味しいお米が収穫できるようになりました。

## EMと歩むこれから…未来へ繋ぐ「今」

震災当時から、瀧澤さんや家族の皆さんは前向きに歩んできました。これまでEMで様々なチャレンジをしてきたお米や牧草、田畑の土、牛たちの変化から、EMの持つ力や可能性を信じています。

しかし、EMはただ撒けば良いわけではなく、しっかりと状況の変化を観察して、「なぜ？どうして？」を考えて「こうしてみたら…」を実践。実際にやってみないとわからないことばかりだそうです。

「農業はオールマイティ、植物のことだけではなく、微生物、土木、建築、機械…何でもやる。だから何でもやれる。」

放射能や販売、土地のことなど、向き合っていかなければならない課題は数多く残されています。しかし、「明るく楽しくだけは忘れずにこれからもたくさんのことにチャレンジしていきたい」と、瀧澤さんは絶やさない笑顔でお話しくださいました。

「息子が戻ってくる時までにこの土地をしっかり元の姿に戻したい！戻さなければならない！」

現在、北海道で酪農を学んでいる息子さんは、震災当時、あの過酷な現実に直面した状況下で「後を継ぐ」と宣言。その言葉は、瀧澤さんの揺るぎない決意と日々の挑戦の大きな原動力となっています。

瀧澤牧場の近くにある「田舎食堂みっちゃん」では、瀧澤さんの栽培したお米を日替わり定食で食べることができます。一粒一粒にしっかりとお米の甘みがあって美味しい！

# EMに守られた穏やかな暮らしの中で生きる姿を深く考えていきたい

今泉 智さん 【活動団体名 EMの微笑み 福島県田村市都路町《みやこじ》】

今泉智さん（左）と米倉金喜さん（右）は、2歳になるピレネー犬や猫たちと暮らしている。毎朝30分のブラッシングでEMをスプレーすると、犬の毛が汚れにくく快適に

## 限界集落の都路町に暮らす

以前はブリーダー（動物の育種家）をしていていた今泉智さん。暑さが苦手なピレネー犬のために横浜市から福島県の都路町に引っ越して26年になります。震災後は、原発事故によって帰宅困難区域となった大熊町に住んでいた友人の米倉金喜《かねよし》さんと共に暮らしています。

田村市の中でも都路町は高齢化と過疎が進む限界集落。近くに働く場所がなく、福島第一原発ができてからは、男性も女性も原発に働きに行ったという歴史があります。

また、原発事故から約1年は立入制限の警戒区域、その後平成26年まで避難指示解除準備区域になっており、今でも若い人は都路町には戻らず、一層過疎が進んでいます。

そんな中、今泉さんらは信念を持って都路町に住み続けています。「県警に電話をして、ここに住みますと言いました。健康被害については自己責任だから、文句は一切言いません、と。」都路町での暮らしを続けるため、安全な水を確保するための井戸を掘り、地下100メートルから水を汲み上げています。その井戸水をEMセラミックスのフィルターに通して、生活水として利用しています。また、EM活性液を家の周囲の道路と山林を含む32ヘクタールの面積に大量に撒きました。撒いた後の、思わず深呼吸したくなるような清涼感は今でも記憶に残っています。

震災の2年後からは市内で米作りも始め、田植え前には1.5反の水田にEM活性液を3トンも投入し、田植え後は5ヶ月間毎週100リットル投入。その結果、3年目から水田は癒しの地に変わりました。他の水田よりも雪が溶けるのが早く、水田に素足と素手で入って除草作業をしていると肌が荒れず、スベスベになります。昨年は4度目の収穫で、安心して食べられる美味しいお米ができました。

「見返りを求めたわけじゃないけれど、EMに投資したことは、結果的にいちばん良いところに貯金したなと思います。」

田んぼに水を引く、春。EM活性液をたっぷりと流し込む。化学肥料や除草剤などの農薬を使わず、種籾《たねもみ》の時から収穫までEMをたっぷり使って稲を育てる

安心して食べられる自家製のお米と野菜を使った料理のおもてなし。自家米を自宅で製粉し白神酵母を使った手作りの米粉パンは柔らかくてモチモチ。やさしい美味しさが心をほぐしてくれる

## ふと立ち止まり、人間の生きる姿を考えてもらうきっかけに

都路町に昔から暮らしてきた近所の人たちの生活や生き方は原発事故とその後の原子力損害賠償によって大きく変わりました。EMと共に暮らす今泉さんらの生き方に共感する人はあまりいません。「EMの良さを説いたところで、相手の心には届かない。だったらEMで育てた野菜や花を差し上げて、美味しさや美しさの喜びを分かち合うほうが心に残るかなと思っています。」近所の人もEM野菜の味や鮮度の違いを実感していて、差し上げるととても喜んでくれます。来客を迎える部屋の中には、大きな水槽が二つ。これもEMセラミックスを入れて普通の水槽管理とは違った、活き活きとした水中世界を見せています。訪れた人が「ここは時間が止まっているかのようだ」と表現するほど心地よい部屋は、人が生きる姿をふと立ち止まって省みる、そんなきっかけの場所になってほしいと今泉さんは考えています。

花の季節、庭や道路脇に植えた花たちが鮮やかに咲き誇る

## EMの先にあるもの

震災以降、EMと共に暮らしてきた今泉さんは、「EMがあって、自分たちの生活がある」という偉大なものへの感謝の思いに満たされています。今の暮らしは安心感に包まれていて、花を楽しみ、農業を楽しみ、料理を楽しむ、そんな豊かな時間を過ごしています。

小学生の頃から、時間や空間とは何か、人間とは何か、現実とは何かといったことを考えていた今泉さん。今やっと、自分の言葉で語れるようになってきたと言います。現在は、最先端の科学を勉強して、EMを科学的にきちんと理解し説明できるようになりたいと考えています。そしてEMと量子物理学を通して本質を突き詰めていくうちに、生き方や死生観も深まってきました。「人が生まれるためには肉体が必要。そして地球が必要でしょ。」これから生まれてくる子どもたちのためにきれいな地球を残すことの奥深さと意義を感じつつ、今泉さんは「生きること」を見つめ続けます。

# 元気なうちは、ずっとやります！
# 健康こだわり焼きおにぎり

武藤 麻央《まお》さん【有限会社 野土花《のどか》 取締役　福島県南相馬市原町区】

**震災から6度目の夏、南相馬市原町区で昨年8月から焼きおにぎりの販売を始めた武藤麻央さんを訪ねました。**

1日も休まず毎朝焼きおにぎりを作る武藤麻央さん

自然派化粧品を販売するサロンを長年経営している武藤麻央さんがEMと出会ったのは10年以上前のこと。合成洗剤を使わないという暮らし方を何十年もしていて、自然とEMに出会い、生活に取り入れてきました。NPO法人を立ち上げ、畑を借りてEMの仲間と共に地域の子どもたちに食べてもらえるようにと、野菜を作っていました。「野菜は苦くて美味しくないっていう子どもたちに、自分で育てた野菜は苦くないってことをわかってもらいたくて始めたの。」しかし、畑の活動が軌道に乗り、さあこれからという時に大震災が起こりました。

震災後、商工会議所から農業の6次産業化のサポート事業をやってくれないかとの依頼があり、昨年8月から地元の道の駅や市役所、高速道路のサービスエリアなどで焼きおにぎりの販売を始めました。

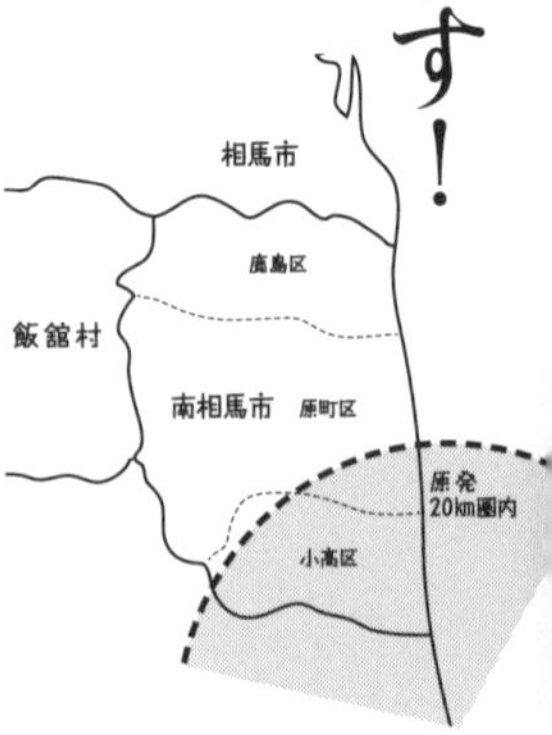


## 私がつくるんなら健康にこだわったおにぎりにする

武藤さんの焼きおにぎりは、翌朝食べても美味しく飽きがこないと、地元の皆さんに喜ばれています。その秘密は、マクロビオティック（自然食）の考え方とこだわり素材で手間暇かけて作られていること。自然でない添加物は排

おにぎりを1度焼いてひっくり返し、2度焼いてまたひっくり返し、冷ます過程で、もう1回ひっくり返す。美味しさのため、本当に手間暇をかけています

**武藤さんの焼きおにぎりが買える場所**

- ■常磐自動車道　南相馬市サービスエリア　セデッテかしま
- ■道の駅「南相馬」（福島県南相馬市原町区高見町2丁目30-1）
- ■福島県南相馬合同庁舎（福島県南相馬市原町区錦町1丁目30）
- ■南相馬市役所（福島県南相馬市原町区本町2丁目27）
- ■南相馬市立総合病院（福島県南相馬市原町区高見町2丁目54-6）

除し、食材や調理法は、体にすっと馴染むように工夫されています。

武藤さんが焼きおにぎりの販売を始める前、ある子どもが自分のおばあちゃんの握ってくれた彩りの良いおにぎりを全然食べないので、自然のお醤油をつけたおにぎりを握ってあげたことがありました。その子がその素朴なおにぎりを全部食べた姿を見て、「ああ、やめられない」と思ったのだそう。それが焼きおにぎり販売を始めた動機の一つ。武藤さんにとって、真心を込めた自然の美味しさが食べる人の心と体に伝わったのを見るのが何より嬉しいことです。

## 震災からまる2年は笑えなかった

武藤さんのご自宅は南相馬市の南部に位置し、原発から13㎞の小高区。当時、地震で50㎝地盤沈下し、津波による家屋倒壊で60軒のうち残ったのは5、6軒のみ。加えて浸水が50日間続きました。この場所ではもはや生活は成り立たないと、部落全体が土地を放棄しました。多くの住民が津波で亡くなりました。しかも、原発から20㎞圏内は立ち入り禁止となり、生存者を探しに行くことが許されず、心残りの人がとても多くいます。

当時、火葬場の職員さんは、精神的に火葬のスイッチが押せなくなりました。半年間毎日、死体安置所に行ってお経をあげていたお坊さんは、3年以上経っても、お経を読み始めると泣き、人としゃべり始めると泣くのだそう。「家族を亡くした人は、未だにその話になると涙がドドドドドッと出てくる。私も2年半くらいはそうでした。」九死に一生を得て津波から逃げた武藤さんのご主人は5年半経った昨年11月の地震の折、テレビの地震速報で津波の報道を見て、気分が悪くなり嘔吐したのだそう。被災した人の心は癒えてはいません。

70歳で焼きおにぎり販売を始めた武藤さん。毎日おにぎりを作るため休日は無く、睡眠時間は3、4時間。こだわりの原材料を使って手間暇もかけているので、当面は販売事業の黒字化と商品価値を上げることが目標です。「元気なうちはずっとやります!」と、明るい笑顔で今日も焼きおにぎりを届けます。

**武藤さんの焼きおにぎりのこだわりは、添加物を含まない原材料とマクロビオティック（自然食）の考えに基づいた調理法**

- ◆ 米は国産こしひかり（EM 栽培で有機認定米）
- ◆ 味噌は、有機大豆を使った天然醸造法の長期熟成の生味噌で、米・麦・豆の三種類の味噌を国内産 100％の本葛《ほんくず》でまとめ、甘みとコクを絶妙に仕上げました
- ◆ 醤油は天然醸造法、木桶で 2 夏以上長期熟成で酒精不使用
- ◆ ごま油は風味豊かなオーサワの圧搾ごま油
- ◆ 甘味は甜菜（砂糖大根）オリゴ糖と有機オーガニックシュガー
- ◆ ごま塩は、有機金胡麻を半ずりにし、焼き塩にしてパウダー状にしたお塩と混ぜ合わせた消化に良いごま塩です
- ◆ お新香はオーサワの無添加もろみ漬け

2016年11月14日にマクロビレストラン「穀菜茶房 こと葉」で開催された「柴田さんからEMのお話を聞く会」の様子。生態系の微生物の役割からEMの効果まで、丁寧に説明。柴田さん（左）が誠実に話すEMの効果について、参加者の皆さんは興味津津

# 地域でつながる安心できる暮らしを

柴田 和明さん・知子さん【EM柴田農園　栃木県那須塩原市】

サラリーマン時代は共働きで、忙しい日々を送った柴田和明さんと知子さんご夫婦。このままでは健康な充実した生活を送ることはできないと思い、2006年に共に退職をして、スローライフのために神奈川県から栃木県の那須塩原市に生活の拠点を移されました。健康管理のために自分で食べるものは自分で作ろうと考えて、未経験にも関わらず農業にも積極的にチャレンジ！そんな何事にも前向きに取り組まれる柴田さんご夫婦を取材しました。

## 置かれた現実を、受け止める

柴田さんは、2011年3月11日の大震災の影響で那須塩原が放射能に汚染され、自分が被曝しているという実感を当初は中々持つことができなかったそうです。那須塩原市内の放射線量の測定結果を初めて知ったのが、半年後の2011年の夏でした。今まで他人事だと思っていた原発事故の影響がわかり、放射線量測定器が手元になかったため、自分が何も知らずに生活を続けていた事実に衝撃を受けました。

大震災以降続けているご自宅へのEM活性液の散布

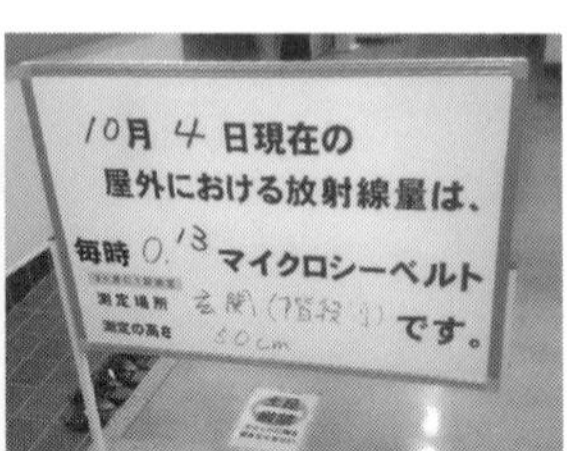


那須塩原市内の公民館の中にある放射線量の計測値を知らせるボード。今も震災の影響は続いている

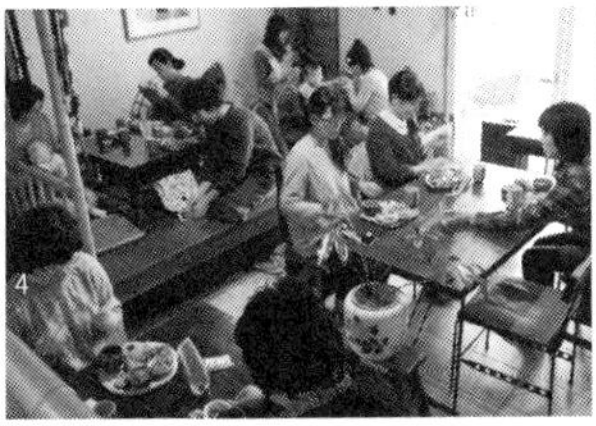

1.「宙《そら》カボチャ」として販売するダークホースという品種のカボチャ。地面に実がついて部分変色してしまわないように柴田さんが栽培方法を工夫
2/3. マクロビオティックの食事を食べながら交流。身体に染みるやさしい味の食事と穏やかな空間の中、講習会を開催

そこで、柴田さんは放射線量が高いという理由で那須塩原から逃げるのではなく、放射能の勉強会に参加して、自分たちが置かれた状況を積極的に理解することにしました。参加しているメンバーと協力して、お金を出し合って20台の放射線量測定器などを買い、自分たちの健康への影響を計算する方法を学び合いました。

柴田さんはEM活性液を百倍利器で製造して、月4トンを震災以降も欠かさず、ご自宅周辺や畑に使うために散布し続けています。そうして大切に育て、収穫した野菜は必ず放射線を測定して出荷をしています。柴田さんが丁寧に栽培した野菜は皆さん美味しい！と言ってくださり評判です。

## EMで広がるつながりの輪

現在では、インターネット上で繋がった30～40代の方たちが、柴田さんが百倍利器で作ったEM活性液を取りに行こうというツアーを企画されています。栃木県だけでなく、福島県など遠方から参加される方もいて、EMの説明がわかりやすいと好評なのだそう。

またご夫婦二人三脚でEM講習会を定期的に開催しています。失敗しにくいEM活性液や生ごみEM発酵肥料の作り方をお伝えして、那須塩原で健康な生活を送るために自分たちに何ができるのかをお話されています。

EM活性液を作る時は、温度管理などを注意しないと失敗することもあり、講習会の後に柴田さんはアフターサポートの講習会を行うようにしています。自分で微生物を生活に活用すること自体が初めての参加者も多く、作り始めてから湧いてくる疑問について一緒に解決策を考えます。初めての方は一つわからないことが出てしまうと挫折して、EMそのものを嫌になってしまうこともあるので、楽しく続けられるように、参加した皆で失敗や成功した情報を共有することを心がけています。

講習会の後には、そこで知り合った方からEMをぜひ教えてほしいと依頼があるそうです。柴田さんご夫婦のEMの輪は、笑顔とともにこれからもますます広がっていきます。

EM活性液の作り方の紹介は知子さん。
ご夫婦で生活へのEMの取り入れ方を丁寧に説明

# あとがき

比嘉照夫

量子力学的に考えると、起こることはすべて必要であり、必然ということになります。常識的に考えると、絶対にあの世に行っているはずの著者である3人が、福島の原発事故の必要必然に応じて生き残り、本書が出来上がりました。

ヒカルランドの関係者が、この3人の組み合わせに興味を持ったのがきっかけで、本書が世に出ることになったのも必要必然であり、まとめてみると、表題とサブタイトルにぴったりの本となりました。御協力いただいた関係者の皆様に心から御礼申し上げます。

新しい思想や、これまでの技術や社会のシステムに不安を与えるような革新的な技術は、既得権益と既成概念との際限のない戦いに引き込まれてしまいます。その結果、完全につぶされたり、当人の存命中には実現されず、後世の社会が必要となった場合にのみ、活用されるという必然性を持っています。

情報公開の時代になっても、政治やマスコミ次第で、どうにでもコントロールできる背景が残っており、コマーシャリズムが前提である限り、本物がスムーズに世に出ることは容易ではありません。

この絶望的な仕組みを変えるためには、「原因と結果の法則」に照らし、商業主義的行為に全責任を負わせるという思想やシステムが必要になってきます。例えば、病気を治せなかったらお金をとってはならないとか、農薬や化学肥料、大型機械を乱用し、自然を破壊したり、汚染したり、人間の健康や、生態系や生物多様性にダメージを与えたり、社会的にダメージを与えた報道やデマニュースに対しては、犯罪として処罰し、全廃の責任を負わせるべきです。そうなれば、本物の出現確率は加速します。

本物とは、安全で快適、低コストで高品質、善循環的持続可能という条件に合致するものです。この考えは、技術はもとより、社会の仕組みや思想を、より望ましい構造にするための重要なチェックポイントとなります。

「人間は、どこから来てどこへ行くのか」——答えは様々です。「あの世から来て、あの世に帰る」、「それならこの世で何をするの？」、「ロボットと競争するためにこの世に来たの？」、「いいえ、神様により近づくために、この世に修行に来たのです」、「神に近づくためには、想像を絶する試練を乗り越える必要があるが、あなたには、その覚悟がありますか？」、「はい覚悟します」、「よろしい。では、この世に存在するすべての不条理を受け入れなさい」、「その不条理があなたに勇気を与え、あなたをきたえ、強くし、かしこくします」、「わかりました。しかし、それに耐えられず、病気になったり、事故にあったり、絶望して死んでしまったらどうしますか？」、「それは、耐えられなかった先祖のＤＮＡとあなたが選んだ運命です。ですがしばらく、あの世で休んで、もう一度地球に出直して、これまで達成し得なかった修行を続けてください。チャンスは何回でも何十回でも何万回でも無限にありますよ。それが終わると、あなたは神様の仲間入りが許されるようになり、もう地球に戻ってくる必要はありません」、「わかりました。そうしたいと思いますが、その時に地球が放射能に汚染され、食料が足りなくて、災害も多発し、化学物質等による毒性が広がり、すぐに病気になったり、人間が安心して住めなくなっていたら、どうすればいいですか」、「心配する必要はありません。ＥＭに頼みなさい。EMには地球の進化にたずさわった万能の神がついています」これはブラックジョークではなく、本当の話です。

※EMに関する御問合せ：EM研究機構　TEL　098－935－2224

**セミナー、イベントのお知らせ**

比嘉照夫氏、白鳥哲氏、森美智代氏のセミナー、イベントに関するお知らせは決定次第ヒカルランドパークのホームページにて発表します。予約フォームに登録されますと、優先的なご案内となりますので、どうぞご利用下さい。

ヒカルランドパーク連絡先
電話：03－5225－2671（平日10時－17時）
メール：info@hikarulandpark.jp　URL：http://hikarulandpark.jp/
Twitter アカウント：@hikarulandpark

著者のプロフィールについては、各章扉裏をご参照ください。

## ◉ EMで発酵BIG BANG!　イベントのご案内です！

開催日時：2017年10月21日（土）　10：30〜16：00
会場：TOC有明４F　WESTホール
〒141－0031　東京都江東区有明３－５－７
○公共交通機関：りんかい線「国際展示場駅」から徒歩３分
ゆりかもめ「国際展示場正門駅」から徒歩４分
入場料：無料
駐車場：料金260円／30分
お問合せ先：イベント事務局（株式会社AE内）
TEL 052－243－3758

### ■ イベント概要

**◎ EM市場**
生産者さんの想いが聞ける！　EM食品が大集合！
こだわりの野菜、米、卵など

**◎ EM食材を使ったこだわりグルメ！**
安心安全なこだわり食材を使った、この日限りのおいしいグルメを満喫しよう！

**◎ 楽しく学ぼう！　ワークショップ！**
オリジナル石けんづくり
EM活性液をつくろう！

**◎ わくわくキッズ縁日**
スーパーボールすくい
わなげ

**◎ EMの開発者　比嘉先生のご講演**
「発酵の世界の先にあるもの〜微生物の真価〜」

**◎ 先着500名様には素敵なプレゼント**

**◎ 来場者プレゼント大抽選会**

# 思いは一瞬で宇宙の果てまで届く
# 地球蘇生プロジェクト「愛と微生物」のすべて
## 新量子力学入門

第一刷　2017年9月19日

著者　比嘉照夫
　　　森美智代
　　　白鳥　哲

発行人　石井健資
発行所　株式会社ヒカルランド
〒162-0821　東京都新宿区津久戸町3-11　TH1ビル6F
電話　03-6265-0852　ファックス　03-6265-0853
http://www.hikaruland.co.jp　info@hikaruland.co.jp
振替　00180-8-496587

本文・カバー・製本　中央精版印刷株式会社
DTP　株式会社キャップス
編集担当　TakeCO


ISBN978-4-86471-535-5

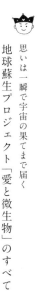

ヒカルランド　近刊予告！

地上の星☆ヒカルランド　銀河より届く愛と叡智の宅配便

**森美智代さんの本！**

地上最強の量子波＆断食ヒーリング
これが未来医療のカタチ
著者：小林 健／森美智代／船瀬俊介
四六ソフト　予価1,815円+税

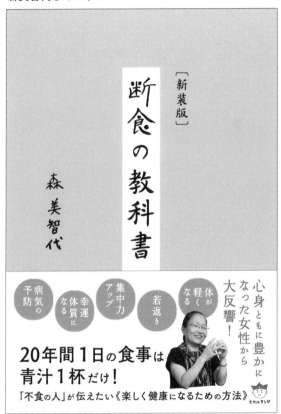

ヒカルランド　近刊予告！

地上の星☆ヒカルランド　銀河より届く愛と叡智の宅配便

白鳥哲さんの本！

魂の巨人
エドガー・ケイシーの超リーディング
著者：白鳥 哲／光田 秀
四六ハード　予価1,815円+税

ヒカルランド　近刊予告！

地上の星☆ヒカルランド　銀河より届く愛と叡智の宅配便

## エドガー・ケーシー療法の本！

エドガー・ケイシー療法のすべて
1　皮膚疾患／プレ・レクチャーから特別収録
著者：光田 秀
四六ソフト　予価2,000円+税

エドガー・ケイシー療法のすべて
2　がん
著者：光田 秀
四六ソフト　予価2,000円+税

エドガー・ケイシー療法のすべて
3　成人病／免疫疾患
著者：光田 秀
四六ソフト　予価2,000円+税

エドガー・ケイシー療法のすべて
4　神経疾患Ⅰ／神経疾患Ⅱ
著者：光田 秀
四六ソフト　予価2,000円+税

エドガー・ケイシー療法のすべて
5　婦人科疾患
著者：光田 秀
四六ソフト　予価2,000円+税

エドガー・ケイシー療法のすべて
6　美容法
著者：光田 秀
四六ソフト　予価2,000円+税

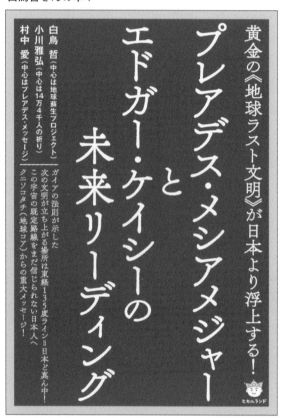

ヒカルランド　好評既刊！

地上の星☆ヒカルランド　銀河より届く愛と叡智の宅配便

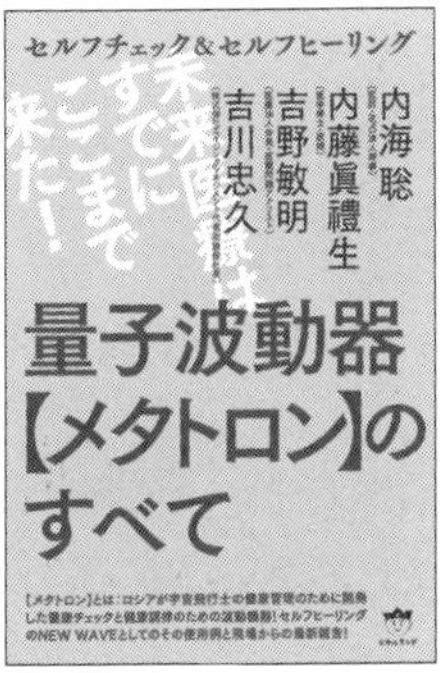


量子波動器
【メタトロン】のすべて
著者：内海 聡／内藤眞禮生／
吉野敏明／吉川忠久
四六ソフト　本体1,815円+税

「健康茶」すごい！薬効
もうクスリもいらない
医者もいらない
著者：船瀬俊介
四六ソフト　本体1,815円+税

アーシング
著者：クリントン・オーバー
訳者：エハン・デラヴィ／愛知
ソニア
Ａ５判ソフト　本体3,333円+税

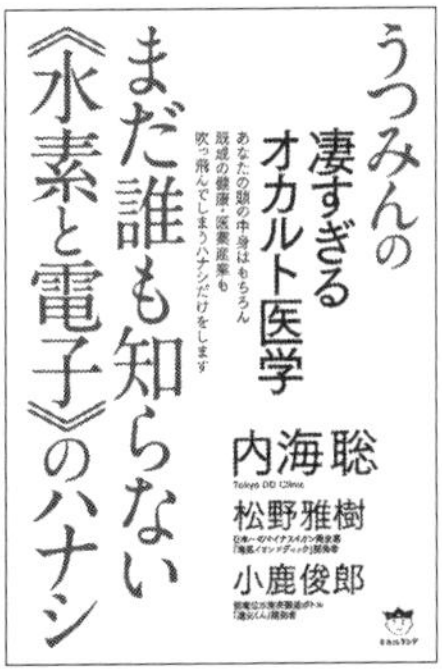


うつみんの凄すぎるオカルト医学
まだ誰も知らない《水素と電子》のハナシ
著者：内海聡／小鹿俊郎／松野
雅樹
四六ソフト　本体1,815円+税

水晶（珪素）化する地球人の秘密
著者：松久 正
四六ソフト　本体1,620円+税

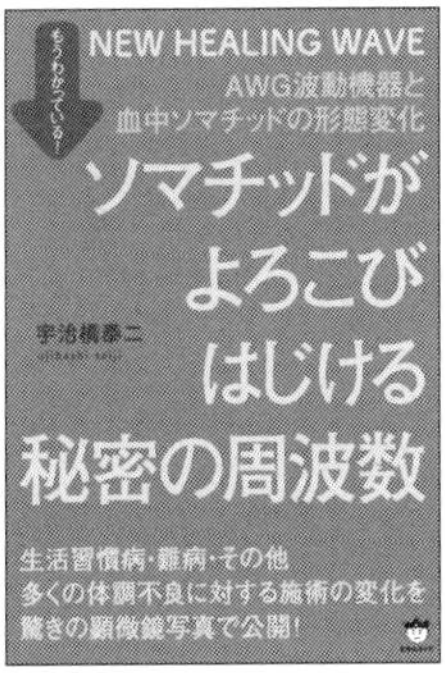


ソマチッドがよろこびはじける
秘密の周波数
著者：宇治橋泰二
Ａ５ソフト　本体3,333円+税

## 本といっしょに楽しむ ハピハピ♥ Goods&Life ヒカルランド

言霊研究の粋を集めた意識進化システム
**自分の意識を自在にデザインする最新装置**
**ロゴストロンシリーズ**

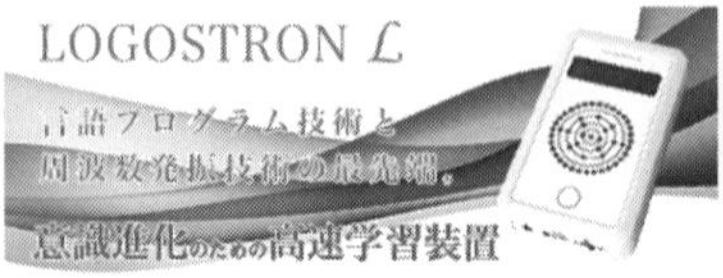

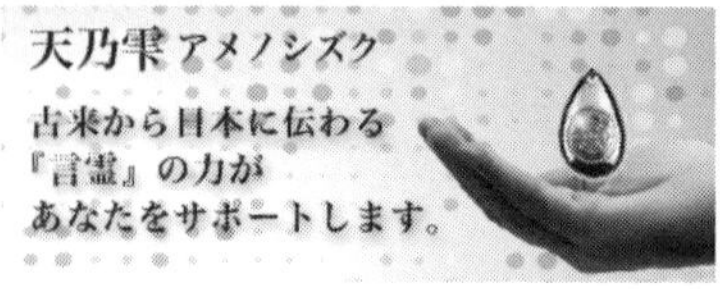

### ヒカルランド著者陣からも絶賛されるロゴストロン

思いは一瞬で
宇宙の果てまで届く
地球蘇生プロジェクト
「愛と微生物」のすべて
著：比嘉照夫／森美智代／
白鳥 哲

読むだけでめぐりめぐる
エネルギー循環・物質化の
しくみ
人・物・お金の流れは
太くなる
著：まるの日圭

比嘉照夫氏：私は、祝詞や祈りの言葉の威力は知っていますので、これ（ロゴストロン）は粗末には扱えない、役員会議室の一番大事なところにちゃんと社（やしろ）をつくって神道方式で奉斎しました。量子もつれで調べると、すばらしいエネルギーです。

事前に自分の囚われに気づけば、そこまでマイナスな目には合わないので。そのために過去生などの解放やら、ヒーリングやら、ロゴストロンやら、ヘミシンクやら（中略）、全部、「自分の囚われとかを外す事に役立つこと」です。

### ヒカルランドパーク HP より商品をご覧ください

「ヒカルランドパーク」で検索いただき、商品の中から、ロゴストロン商品をお選びください。ロゴストロン社のページをご覧いただけます。

ヒカルランドパーク　ロゴストロン　検索

セミナー・関連商品多数掲載中！
宇宙寺子屋　ヒカルランド公式通販サイト
HIKARULAND PARK

**滝風イオンメディック**
**ここがすごい！**

●保健施設、工場、店舗、農産業など業務用にも導入実績のある製品です。初期型発売より12年以上のロングセラー。安心の日本製。

●マイナスイオンには脱臭・除菌・集塵・健康に効果があります。雑菌を滅菌し、たばこやペット臭などの気になるニオイも取ります。お部屋のアレル物質・浮遊ウイルスを強力に分解・除去します。

●ノンフィルター方式だから、面倒な交換なし！お手入れもカンタン。フロントパネルを開けて電極板と放電針に付いた汚れをふき取るだけ。

●電気代は１ヶ月連続運転でおよそ90円～130円

●静かな運転音で、Ａ４サイズとコンパクトなのにハイパワー！（なんと最大80畳まで）

●静電気を防止、帯電を除去し自然治癒力の発揮をサポートします。

電源：AC 100V（50/60Hz）／定格消費電力：10W　※強（HIGH）で運転／運転音：強15dB、弱２dB／外形寸法：W300×D79.5×H220mm／質量：1700g／本体材料：難燃 ABS(UL94 V-０)／色：ライトパープルII／適応床面積：６畳～80畳（約132.5m²まで）／放電方式：コロナ無声放電／発生イオン：200万 ions/cc 以上（各吹き出し口）〔合計2400万 ions/cm³以上〕／発生オゾン濃度：0.020ppm 以下／空気清浄機能：電極板集塵機能／イオン発生ユニット：定期交換不要／生産国：日本

意匠登録済：登録第1194643号／実用新案登録済：登録第3098824号／商標登録済：登録第4762121号／実用新案登録済：登録第3102319号／商標登録済：登録第4972944号／※特許出願中　登録済／NPO 法人 予防医学・代替医療振興協会 認定品

**本といっしょに楽しむ ハピハピ♥ Goods&Life ヒカルランド**

## 滝風《たき》イオンメディックTAKI ION MEDIC
## （医療用物質生成器）※平成15年９月26日経済産業省認定

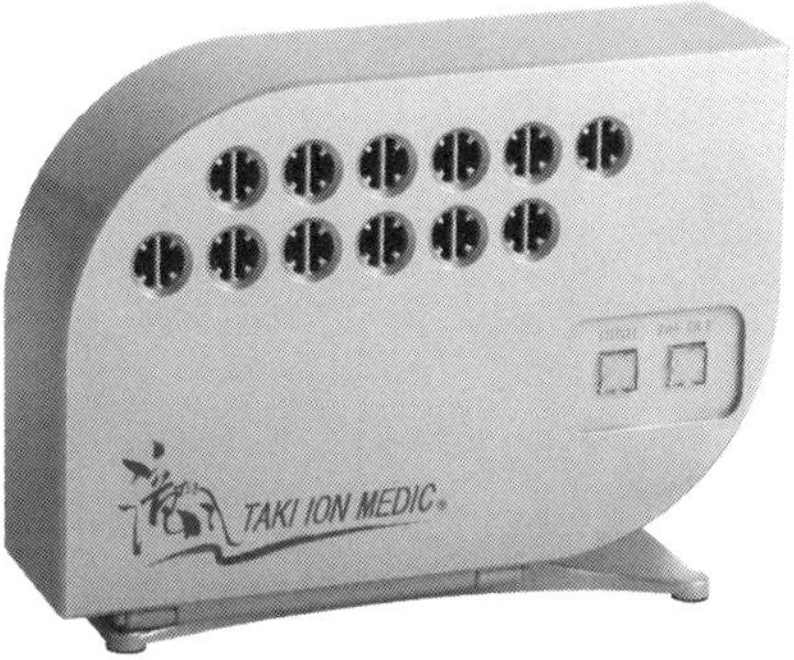


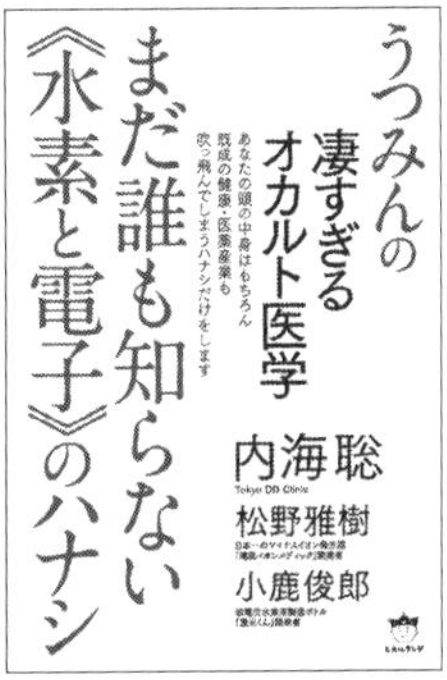


本の中で内海聡氏も絶賛の逸品です！

価格：240,000円（税込259,200円）

自然の中、とくに滝やせせらぎのそばの空気は清々しく感じます。そのワケは、空気中にマイナスイオンが多く含まれているからです。マイナスイオンは心身のリラックスはもちろん、除菌・脱臭・集塵《しゅうじん》にも最適です。マイナスイオンは、「空気のビタミン」ともいわれ、大切な空気中の要素です。「滝風イオンメディック」はマイナスイオンの働きに着目しました。大自然さえも上回る2000万 ions/cc 以上のマイナスイオンを発生。しかもプラスイオンは全く出ていません。テレビなどの電化製品によって増加した、体に悪影響を与えるプラスイオンを中和し、まるで森林浴をしているようなやすらぎを部屋の中に広げます。

ヒカルランドパーク取り扱い商品に関するお問い合わせ等は
電話：03－5225－2671（平日10時－17時）
メール：info@hikarulandpark.jp
URL：http://hikarulandpark.jp/

《みらくる Shopping & Healing》とは
**◉ リフレッシュ**
**◉ 疲労回復**
**◉ 免疫アップ**
**など健康増進を目的としたヒーリングルーム**

一番の特徴は、このHealingルーム自体が、自然の生命活性エネルギーと肉体との交流を目的として創られていることです。
私たちの生活の周りに多くの木材が使われていますが、そのどれもが高温乾燥・薬剤塗布により微生物がいないため、本来もっているはずの薬効を封じられているものばかりです。

《みらくる Shopping & Healing》では、45℃のほどよい環境で、木材で作られた乾燥室でやさしくじっくり乾燥させた日本の杉材を床、壁面に使用しています。微生物が生きたままの杉材によって、部屋に居ながらにして森林浴が体感できます。
さらに従来のエアコンとはまったく異なるコンセプトで作られた特製の光冷暖房器を採用。この光冷暖房器は部屋全体に施された漆喰《しっくい》との共鳴反応によって、自然そのもののような心地よさを再現するものです。つまり、ここに来て、ここに居るだけで
**1.リフレッシュ　2.疲労回復　3.免疫アップ**になるのです。

気軽に参加できて特典いっぱいの『みらくるで遊ぼう！ お茶会』やオラクルカードリーディングなども開催して（遊んで）います。お気軽にご参加ください。

神楽坂
ヒカルランド
みらくる
Shopping & Healing

神楽坂ヒカルランド みらくる Shopping & Healing
〒162-0805　東京都新宿区矢来町111番地
地下鉄東西線神楽坂駅２番出口より徒歩２分
TEL：03-5579-8948
メール：info@hikarulandmarket.com
営業時間［月・木・金］11：00〜21：00［土・日］11：00〜18：00
（火・水［カミの日］はShopping and 特別セッションのみ）
※ Healingメニューは予約制、事前のお申込みが必要となります。
ホームページ：http://kagurazakamiracle.com/
ブログ：https://ameblo.jp/hikarulandmiracle/

## ヒカルランド　既刊＆近刊予告！

地上の星☆ヒカルランド　銀河より届く愛と叡智の宅配便

近刊

シュタイナー思想と
ヌーソロジー
著者：半田広宣／福田秀樹／
大野 章
A５ソフト　予価10,000円+税

近刊

地球まるごと蘇る《生物触媒》の
サイエンス！
著者：髙嶋康豪
四六ソフト　予価1,815円+税

微生物はすべてを蘇生する！
【新装完全版】宇宙にたった一つの
《いのち》の仕組み
著者：河合 勝
四六ソフト　本体1,815円+税

近刊

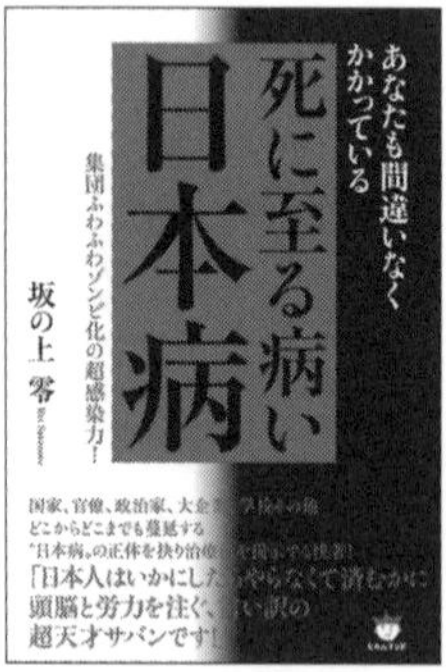


死に至る病い 日本病
あなたも間違いなくかかっている
著者：坂の上零
四六ソフト　予価1,815円+税

問題がどんどん消えていく
[奇跡の技法] アルケミア
著者：安田 隆&THE ARK
COMPANY研究生
四六ソフト　本体1,815円+税

近刊

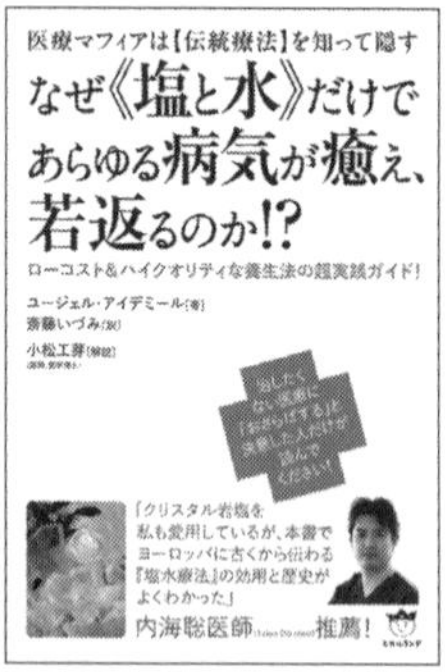


なぜ《塩と水》だけであらゆる
病気が癒え、若返るのか!?
著者：ユージェル・アイデミール
訳者：斎藤いづみ
四六ソフト　予価1,815円+税